建筑工程职业技能岗位培训图解教材

抹灰工

本书编委会 编

中国建筑工业出版社

图书在版编目（CIP）数据

抹灰工 / 本书编委会编. —北京：中国建筑工业出版社，2016.5
建筑工程职业技能岗位培训图解教材
ISBN 978-7-112-19222-9

Ⅰ.①抹… Ⅱ.①本… Ⅲ.①抹灰—岗位培训—教材 Ⅳ.① TU754.2

中国版本图书馆 CIP 数据核字（2016）第 049868 号

本书是根据国家颁布的《建筑工程施工职业技能标准》进行编写的，主要介绍了抹灰工的基础知识、建筑的构造及识图基础、抹灰材料、抹灰机具、抹灰施工工艺、装饰抹灰、特殊季节的施工及质量通病等内容。

本书内容丰富，详略得当，用图文并茂的方式介绍抹灰工的施工技法，便于理解和学习。本书可作为建筑工程职业技能岗位培训相关教材使用，也可供建筑施工现场抹灰工人参考使用。

责任编辑：武晓涛
责任校对：赵　颖　刘梦然

建筑工程职业技能岗位培训图解教材
抹灰工
本书编委会　编
*
中国建筑工业出版社出版、发行（北京西郊百万庄）
各地新华书店、建筑书店经销
北京京点图文设计有限公司制版
北京富生印刷厂印刷
*
开本：787×1092 毫米　1/16　印张：10¾　字数：185 千字
2016 年 5 月第一版　2016 年 5 月第一次印刷
定价：**30.00** 元（附网络下载）
ISBN 978-7-112-19222-9
　　　（28487）

版权所有　翻印必究
如有印装质量问题，可寄本社退换
（邮政编码 100037）

《抹灰工》编委会

主编： 陈洪刚

参编： 王志顺　　张　彤　　伏文英　　刘立华
　　　　　刘　培　　何　萍　　范小波　　张　盼
　　　　　王昌丁　　李亚州

前　言

近年来，随着我国经济建设的飞速发展，各种工程建设新技术、新工艺、新产品、新材料也得到了广泛的应用，这就要求提高建筑工程各工种的职业素质和专业技能水平，同时，为了帮助读者尽快取得《职业技能岗位证书》，熟悉和掌握相关技能，我们编写了此书。

本书是根据国家颁布的《建筑工程施工职业技能标准》进行编写的，主要介绍了抹灰工的基础知识、建筑的构造及识图基础、抹灰材料、抹灰机具、抹灰施工工艺、装饰抹灰、特殊季节的施工及质量通病等内容。

本书内容丰富，详略得当，用图文并茂的方式介绍抹灰工的施工技法，便于理解和学习。本书可作为建筑工程职业技能岗位培训相关教材使用，也可供建筑施工现场抹灰工人参考使用。同时为方便教学，本书编者制作有相关课件，读者可从中国建筑工业出版社官网（www.cabp.com.cn）下载。

本书编写过程中，尽管编写人员尽心尽力，但错误及不当之处在所难免，敬请广大读者批评指正，以便及时修订与完善。

编者
2015 年 11 月

目 录

第一章 抹灰工的基础知识 /1
    第一节 抹灰工职业技能等级要求 /1
    第二节 抹灰工程的基础知识 /6
    第三节 抹灰施工作业中的安全知识 /10

第二章 建筑的构造及识图基础 /14
    第一节 房屋的构造及组成 /14
    第二节 施工图的基础知识 /23
    第三节 房屋建筑制图基本知识 /26
    第四节 墙身详图及节点详图 /34

第三章 抹灰材料 /39
    第一节 抹灰砂浆 /39
    第二节 一般抹灰材料 /44
    第三节 其他抹灰材料 /49
    第四节 化工材料 /53

第四章 抹灰机具 /58
    第一节 手工工具 /58
    第二节 施工机具 /64
    第三节 机具使用的注意事项 /74

第五章 抹灰施工工艺 /77
    第一节 泥水抹灰前的准备工作 /77
    第二节 一般抹灰施工 /80
    第三节 抹灰的注意事项 /84
    第四节 室内抹灰工序 /88
    第五节 外墙抹灰工序 /107
    第六节 楼、地面抹灰的操作方法 /115
    第七节 楼梯踏步抹灰操作方法 /117
    第八节 抹灰工程的安全技术措施 /121

第六章　装饰抹灰/122

　　　第一节　墙面水刷石施工/122

　　　第二节　墙面干粘石施工/130

　　　第三节　大面积假石施工/136

　　　第四节　地面普通水磨石施工/138

　　　第五节　饰面砖工程施工技术/142

　　　第六节　熟悉镶贴瓷砖、面砖等的一般常识/148

　　　第七节　花饰的堆塑/150

第七章　特殊季节的施工及质量通病/155

　　　第一节　冬期施工/155

　　　第二节　夏、雨期的施工/158

　　　第三节　一般抹灰工程的质量通病和防治方法/159

参考文献/164

第一章 抹灰工的基础知识

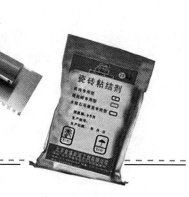

第一节 抹灰工职业技能等级要求

1. 初级抹灰工应符合下列规定

（1）理论知识

1）熟悉常用工具、量具名称，了解其功能和用途；
2）了解施工图中抹灰部位和使用砂浆的表述；
3）熟悉常用抹灰材料的种类、规格及保管；
4）熟悉常用抹灰砂浆的配合比、使用部位及配制方法；
5）了解建筑物室内外墙、地面各部位抹灰的操作工艺要求；
6）熟悉用简单模型扯制简单线角方法；
7）熟悉镶贴瓷砖、面砖、缸砖的一般常识；
8）了解水刷石、干粘石、假石和普通水磨石的一般常识；
9）了解安全生产基本常识及常见安全生产防护用品的功用。

（2）操作技能

1）会规范使用常用的工具、量具；

2）会做内外墙面抹灰的灰饼、挂线、冲筋等；

3）会抹内墙石灰砂浆和混合砂浆（包括罩面），水泥砂浆护角线、墙裙、踢脚线、内窗台、梁、柱及混凝土顶棚（包括钢丝网板条基层）；

4）会抹外墙混合砂浆（包括机械喷灰、分隔划线），水泥砂浆檐口、腰线、明沟、勒脚、散水坡及一般水刷石、干粘石、假石（大面积）和普通水磨石；

5）能够抹水泥砂浆和细石混凝土地面（包括分隔划线）；

6）会用简单模型扯制简单线角或不用模型抹简单线角；

7）能够镶贴内外墙面一般饰面砖（大面积）；

8）会使用劳防用品进行简单的劳动防护。

2. 中级抹灰工应符合下列规定

（1）理论知识

1）了解制图的一般知识，会看分部分项施工图、节点图；

2）熟悉一般颜料的配色，石膏的特性和配制方法，界面剂的性能、用途及使用方法；

3）熟悉抹一般水刷石的方柱、圆柱、门头及水磨石地面及楼梯的方法；

4）了解用复杂模型扯制顶棚较复杂线角并攒角的操作方法及干硬性水泥砂浆地面、挂麻丝顶棚的操作方法；

5）了解防水、防腐、耐热、保温、重晶石等特种砂浆的配制、操作及养护方法；

6）了解各种饰面砖（板）在各部位（墙面、地面、方柱、柱帽、柱墩）的镶贴方法；

7）了解不同气候对抹灰工程的影响；

8）了解抹灰工程的质量通病及防治方法；

9）熟悉安全生产操作规程。

（2）操作技能

1) 能根据施工图确定饰面砖（板）的施工部位，并绘制一般排列图；

2) 会抹水泥砂浆的方圆柱、窗台、楼梯（包括栏杆、扶手、出檐、踏步），并弹线分步；

3) 能够抹水刷石、假石、干粘石墙面和镶贴各种饰面砖板（墙面、地面、方柱、柱帽、柱墩）；

4) 能够抹防水、防腐、耐热、保温、重晶石等特种砂浆（包括配料及养护）；

5) 能够抹带有一般线角的水刷石门头、方圆柱、柱墩、柱帽、普通水磨石地面和有挑口的美术水磨石楼梯踏步；

6) 能够抹石膏和水刷罩面（包括挂麻丝顶棚）；

7) 会用较复杂模型扯制顶棚较复杂线角并攒角；

8) 会参照图样堆塑一般平面花饰（包括线角）；

9) 能够在作业中实施安全操作。

3. 高级抹灰工应符合下列规定

（1）理论知识

1) 了解本工种施工图、装饰节点详图及房屋建筑的构造及主要组成；

2) 了解常用装饰材料（包括新材料的一般物理、化学性能及使用方法）及其在房屋构造中的作用；

3) 了解各种高级装饰工程的工艺过程和操作方法（包括新材料、新工艺）；

4) 了解一般古建筑常识；

5) 了解制作阴阳木的施工工艺和堆塑饰件安装工艺；

6) 熟悉不同季节施工的有关规定；

7) 熟悉各种饰面板材干挂、镶贴的质量通病及防治方法；

8) 掌握预防和处理质量和安全事故的方法及措施。

（2）操作技能

1）会绘制装饰节点图；
2）会按图用模型扯制室外复杂装饰线角并攒角（水刷石）；
3）会参照图样堆塑各种线角和复杂装饰（包括修补制作模型）；
4）能够识别和鉴定常用天然大理石和花岗石的性能，能够干挂和镶贴大理石、花岗石墙面，并针对作业中的质量通病采取预防措施；
5）能够进行陶瓷锦砖和花式水磨石的拼花施工；
6）会使用相关新技术、新工艺、新材料和新设备；
7）会按图计算工料；
8）能够按安全生产规程指导初、中级工作业。

4. 抹灰工技师应符合下列规定

（1）理论知识

1）了解按施工图进行工料分析，确定用工、用料的方法；
2）了解本工种新材料的物理、化学技术性能及使用知识；
3）熟悉相当的建筑学知识并了解设计原理；
4）了解制订一般古建筑装饰修复施工方案的知识、古建筑的构造和砖瓦工艺；
5）熟悉指导中、高级工提高理论知识的要求和方法；
6）熟悉有关安全法规及一般安全事故的处理程序。

（2）操作技能

1）会抹大型水刷石的圆柱、柱帽、柱墩（如陶立克柱、科林斯柱）；
2）能够培训和指导中、高级工的操作技能；
3）会按图自行制作本工种较复杂的模具和工具；
4）熟练进行针对本职业施工工程中存在的质量问题所提出的改进措施；
5）能够修复一般古建筑装饰；

6）能够做砖雕各种花纹、图案；

7）会装饰工程施工质量验收和验收程序；

8）会独立指挥一般大型建筑装饰工程的施工；

9）会根据饰面工程中较复杂结构进行排版并计算工料；

10）会绘制本工种各种较复杂施工图（包括计算机绘制）；

11）能够根据生产环境，提出安全生产建议，并处理一般安全事故。

5. 抹灰工高级技师应符合下列规定

（1）理论知识

1）熟悉编制本工种新材料的施工工艺方案的知识；

2）熟悉建筑装饰设计的基本概念；

3）了解大型内外装饰工程施工组织设计原理；

4）了解各种堆塑制品的原料组成和工艺（绑制骨架、刮粗坯、堆细坯、溜光）；

5）熟悉制订复杂古建筑装饰修复施工方案的知识；

6）熟悉制订本工种单体工程进度计划表和绘制网络图知识；

7）掌握有关安全法规及突发安全事故的处理程序。

（2）操作技能

1）能够对高级工、技师的操作技能进行培训和指导；

2）会绘制本工种各种复杂施工图、大样图（包括计算机绘制）；

3）能够按施工图翻制各种模具并制作修理各种花饰；

4）能够修复复杂古建筑的装饰；

5）能够做砖雕各种花式图案，阳文、草体等字体；

6）能够做平雕、浮雕、透雕和立体雕；

7）能够处理本工种施工质量事故中的疑难问题；

8）会独立指挥大型建筑装饰工程的施工；

9）能够编制突发安全事故处理的预案，并熟练进行现场处置。

第二节 抹灰工程的基础知识

抹灰工程是用灰浆涂抹在房屋建筑的墙、地、顶棚、表面上的一种传统做法的装饰工程。我国有些地区习惯叫做"粉饰"或"粉刷"。

1. 分类

（1）按施工工艺分类

按施工工艺不同，抹灰工程分为一般抹灰、装饰抹灰等。

1）一般抹灰是指在建筑物墙面（包括混凝土、砌筑体，加气混凝土砌块等墙体立面）涂抹石灰砂浆、水泥砂浆、水泥混合砂浆、聚合物水泥砂浆和麻刀石灰、纸筋石灰、石膏灰等。

一般抹灰所使用的材料为石灰砂浆、混合砂浆、水泥砂浆、聚合物水泥砂浆以及麻刀灰、纸筋灰等。一般抹灰按质量分为三级，按部位分为墙面抹灰、顶棚抹灰和地面抹灰等。

2）装饰抹灰是指在建筑物墙面涂抹水砂石、斩假石、干粘石、假面砖等。砂浆装饰抹灰根据使用材料、施工方法和装饰效果不同，分为拉毛灰、甩毛灰、搓毛灰、扫毛灰、拉条抹灰、装饰线条毛灰、假面砖、人造大理石以及外墙喷涂、滚涂、弹涂和机喷石屑等装饰抹灰。石碴装饰抹灰根据使用材料、施工方法、装饰效果不同，分为刷石、假石、磨石、粘石和机喷石粒、干粘瓷粒及玻璃球等装饰抹灰。

（2）按质量要求分类

按质量要求分为普通抹灰和高级抹灰两个等级。抹灰等级应由设计单位按照国家有关规定，根据技术经济条件和装饰美观的需要来确定，并在施工图纸中注明,当无设计要求时候按普通抹灰施工。

1)高级抹灰:由一层底层、多层中层和一层面层组成。

2)普通抹灰:由一层底层、一层面层组成。

高级抹灰和普通抹灰所用材料及质量标准要求不同。

(3)按施工空间位置不同分类

按施工空间位置,抹灰工程分内抹灰和外抹灰。通常把位于室内各部位的抹灰叫内抹灰,如楼地面、内墙面、阴阳角护角、顶棚、墙裙、踢脚线、内楼梯等;把位于室外各部位的抹灰叫外抹灰,如外墙、雨篷、阳台、屋面等。

1)内抹灰:内抹灰主要是保护墙体和改善室内卫生条件,增强光线反射,美化环境;在易受潮湿或酸碱腐蚀的房间里,主要起保护墙身、顶棚和楼地面的作用。建筑施工中通常将采用一般抹灰构造作为饰面层的装饰装修工程称作"毛坯装修"。

2)外抹灰:外抹灰主要是保护墙身、顶棚、屋面等部位不受风、雨、雪的侵蚀,提高墙面防潮、防风化、隔热的能力,增强墙身的耐久性,也是对各种建筑表面进行艺术处理的有效措施。

(4)按操作工序分类

抹灰由底层、中层、面层组成。

1)底层

主要起与基层粘结的作用,兼起初步找平的作用,厚度为5～9mm。墙面抹底层灰时应分层进行,防止一次涂抹较厚使砂浆内外收缩不一致而开裂。底层砂浆的厚度为冲筋厚的2/3,用铁抹子先把砂浆抹上,再用木抹子修补、压实、抹平、搓粗。顶棚抹底层灰时应用水湿润基层,满刷一遍108胶水泥浆,随刷随抹底层灰,厚度为3～5mm,并带成粗糙毛面。

2)中层

主要起找平作用,厚度为5～9mm。墙面抹中层灰时应在底层凝结后抹,根据冲筋厚度填满砂浆,用木刮尺紧贴冲筋刮平,再用木抹子搓平。顶棚抹中层灰时应在底层抹完12h后方可进行,在砂浆中掺入石灰膏重1.5%的纸筋,厚度为 5～7mm，分层压实，然后用木抹子搓平。

3）面层

面层主要起到装饰作用，厚度因面层材料而不同。墙面抹面层灰应当在中层凝结到七八成后方可进行。一般应从上而下、自左而右涂抹整个墙面，用铁抹子分遍抹压，使面层平整、光滑，厚度一致。铁抹子最后一遍抹压宜是垂直方向，各分遍之间应相互垂直抹压，不宜接槎。顶棚抹面层灰时，铁抹子抹压方向宜平行于房间进光方向。面层灰应抹得平整、光滑，不见抹印。

2. 作用

（1）墙面抹灰的作用

1）保护墙体，防止墙体直接受到风吹、日晒、雨淋、霜雪、冰雹、有害气体和微生物的破坏作用，延长墙体的使用年限。

2）提高墙体的保温、隔热、防渗透能力。

3）光洁墙面，能增加光线反射，改善室内亮度。

4）美化建筑物，并表现建筑的艺术个性。

（2）地面抹灰的作用

1）有保护基层、防火、隔热、隔声等作用。

2）有防水、防潮、防漏等作用。

3）还有装饰、美化地面的作用。

（3）顶棚抹灰的作用

1）盖住暴露凸出的梁和水平管线。

2）结合窗帘盒、灯具、通风口等进行整体造型设计，使室内显得洁净、豪华、美观。

3）还有吸声、隔热、通风的作用。

3. 工程计算

（1）内抹计算

1）内墙抹灰面积应扣除门窗洞口和空圈所占的面积，不扣除踢脚板、挂镜线、0.3m^2 以内的孔洞和墙与构件交接处的面积，洞口侧壁和顶面亦不增加。墙垛和烟囱侧壁面积与内墙抹灰工程量合并计算。

2）内墙面抹灰的长度，以主墙间的图示净长尺寸计算。其高度确定如下：
①无墙裙的，其高度按室内地面或楼面至天棚底面之间距离计算；
②有墙裙的，其高度按墙裙顶至天棚底面之间距离计算；
③有吊筋的装饰天棚的内墙面抹灰，其高度按室内地面或楼面至天棚底面另加 100mm 计算。

3）内墙裙抹灰面积按内墙净长乘以高度计算应扣除门窗洞口各圈所占的面积，门窗洞口和空圈的侧壁面积不另增加，墙垛、附墙烟囱侧壁面积并入墙裙抹灰面积内计算。

（2）外抹计算

1）外墙抹灰面积，按外墙面的垂直投影面积以平方米计算。应扣除门窗洞口，外墙裙和大于 0.3m^2 孔洞所占面积，洞口侧壁面积不另增加，附墙垛、梁、侧面抹灰面积并入外墙面抹灰工程量内计算。栏板、窗台线、门窗套、扶手、压顶、挑檐、遮阳板突出墙外的腰线等，另按相应规定计算。

2）外墙裙抹灰面积按其长度乘以高度计算，扣除门窗洞口和大于 0.3m^2 孔洞所占的面积，门窗洞口及孔洞的侧壁不增加。

3）窗台线、门窗套、挑檐、腰线、遮阳板等展升宽度在 300mm 以内者，按装饰线延长米计算；如展开宽度超过 300mm 以上时，按图示尺寸以展开面积计算，套"零星抹灰"定额。

4）栏板、栏杆（包括立柱、扶手或压顶等）抹灰按立面垂直投影面积乘以系数 2.2 以平方米计算。

5）阳台底面抹灰按水平投影面积以平方米计算，并入相应天棚抹灰面积内。阳台如带悬臂梁者，其工程量乘以系数 1.30。

6）雨篷底或顶面抹灰分别按水平投影面积以平方米计算，并入相应天棚抹灰面积内。雨篷顶面带翻沿或反梁者，其工程量乘以系数1.20。底面带悬臂梁者其工程量乘以系数1.20。雨篷外边线按相应装饰或零星项目执行。

7）墙面勾缝按垂直投影面积计算，应扣除墙裙和墙面抹灰的面积，不扣除门窗洞口、门窗套、腰线等零星抹灰所占面积，附墙垛和门窗洞口侧面的勾缝面积亦不增加。独立柱、房上烟囱勾缝，按图示尺寸以平方米计算。

（3）外饰抹灰量

1）外墙各种装饰抹灰均按图示尺寸以实抹面积计算，应扣除门窗洞口、空圈的面积，其侧壁面积不另增加。

2）挑檐、天沟、腰线、栏杆、栏板、门窗套、窗台线、压顶等均按图示尺寸展面积以平方米计算，并入相应的外墙面积内。

第三节 抹灰施工作业中的安全知识

1. 施工现场安全的规定

1）参加施工作业的工人，要努力提高业务水平和操作技能，积极参加安全生产的各项活动，提出改进安全工作的意见，做到安全生产，不违章作业。

2）遵守劳动纪律，服从领导和安全检查人员的监督，工作思想集中，坚守岗位，严禁酒后上班。

3）严格执行操作规程（包括安全技术操作规程等），不得违章指挥和违章作业，对违章指挥的指令有权拒绝，并有责任制止他人违章作业。

4）服从班组和现场施工员的安排。

5）正确使用个人防护用品，进入施工现场必须戴好安全帽、扣好帽带，不得穿拖鞋、高跟鞋或赤脚上班；不得穿硬底和带钉易滑鞋高空作业。

6）施工现场的各种安全设施，"四口"防护和临边防护，安全标志，警示牌、安全操作规程牌等，不得任意拆除或挪动，要移动或拆除必须经现场施工负责人同意。

7）场内工作时要注意车辆来往及机械吊装。

8）不得在工作地点或工作中开玩笑、打闹，以免发生事故。

9）上班前应检查所有工具是否完好，高空作业所携带工具应放在工具袋内，随用随取。操作前应检查操作地点是否安全，道路是否畅通，防护措施是否完善。工作完成后应将所使用工具收回，以免掉落伤人。

10）高处作业，不准上下抛掷工具、材料等物，不准上下交叉作业，如确需要上下交叉作业必须采取有效的防护隔离措施。

11）在没有防护设施的高处，楼层临边、采光井等作业，必须系挂好安全带，并做到高挂低用。

12）遇有恶劣气候，风力在六级以上时，应停止高处作业。

13）暴风雨过后，上岗前要检查自己操作地点的脚手架有无变形歪斜。如有变形及时通知班组长及施工员，派人维修，确认安全后方可上架操作。

14）凡是患有高血压病、心脏病、癫痫病以及其他不适于上高处作业的，不得从事高处作业。

15）不得站在砖墙上或其他不安全部位抹灰、刮缝等。

16）现场材料堆放要整齐稳固、成堆成垛，楼层堆放材料必须距楼层边1m。搬运材料、半成品、砌砖等应由上而下逐层搬取，不得由下而上或中间抽取，以免造成倒垛伤人毁物等事故。

17）清理安全网，如需进入安全网，事前必须先检查安全网的质量，支杆是否牢靠，确认安全后，方可进入安全网清理，清理时应一手抓住网筋，一手清理杂物，禁止人站立安全网上，双手清理杂物或往下抛掷。

18）在建工程每层清理的建筑垃圾余料应集中运至地面，禁止随便由高层往下抛掷，以免造成尘土飞扬和掉落物伤人。

19）不准在工地内使用电炉、煤油炉、液化气灶，不准使用大功率电器烧水、煮饭。

20）在易燃、易爆场所工作，严禁使用明火、吸烟等。

21）在高处或脚手架上行走，不要东张西望，休息时不要将身体倚靠在栏杆上，更不要坐在栏杆上休息。

22）室内粉刷架不得用单杆斜靠墙上吊绳设架操作。

2. 生活区管理的规定

1）宿舍内严禁躺卧吸烟，防止火灾事故。

2）铺上被褥要卫生整洁，叠放齐整，不准使用光板棉套。

3）室内严禁存放、使用易燃品、易爆、有毒等危险物品，不得使用电褥子、电热器，严禁使用电炉做饭。

4）室内不准私拉乱接强电，照明灯具不准用易燃物品遮挡，防止火灾事故发生。

5）宿舍走道内不得堆放杂物，保证走道畅通。

6）不准私自留与本项目无关人员在施工现场住宿，施工现场不准带小孩居住，保管好自己的物品。

3. 使用施工机械应遵守的规定

1）搅拌机操作手必须持证上岗，无证人员不得操作其机械。

2）搅拌机各部位的安全装置必须齐全有效，操作人员必须做到班前检查，班后保养。严格按操作规程操作，严禁机械带病作业。

3）搅拌机在运转时，拌筒口的灰浆不准用砂铲、扫帚刮扫。

4）搅拌机在运行中，任何人不得将工具伸入筒内清料，进料斗升起时，严禁任何人在料斗下方通过或停留。

5）搅拌机停留时，升起的料斗应插上安全插销或挂上保险链。不使用时必须将料斗落入地上。

6）乘坐人货电梯，应待电梯停稳后，按顺序先出后进，不得争先恐后，不得站在危险部位候梯。

7）使用外用电梯、物料提升机等机械运送物料时，必须由持证专业人员进行操作，无证人员不得操作其机械设备。

8）推料车人员在运料过程中，前、后车要保持一定的安全距离，进入运输吊笼内必须将车辆停放平稳，防止车翻料撒。

9）吊运零星短材料、散件材料等，应用灰斗或吊笼，吊运砂浆应用料斗，并不得装得过满。

10）用斗车运送材料，运行中两车距离应大于2m，坡道上应大于10m。在高空运送时不要装得过满，以防掉落伤人。

11）消防器材、用具、消防用水等不得挪作他用或移动。

12）现场电源开关、电线线路和各种机械设备，非操作人员不得违章操作。禁止私拉乱接电线，使用手持电动工具，应穿戴好个人防护用品，施工现场用电源线必须用绝缘电缆线。禁止使用双绞线。

13）起重机械在工作中，任何人不得从起重臂下或吊物件下通过。

第二章 建筑的构造及识图基础

第一节 房屋的构造及组成

1. 民用房屋的建筑组成

（1）地基与基础

基础是建筑物的地下部分，是墙、柱等上部结构在地下的延伸。基础是建筑物的一个组成部分。地基是指基础以下的土层，承受由基础传来的整个建筑物的荷载，地基不是建筑物的组成部分。

（2）墙与框架结构

在一般砌体结构房屋中，墙体是主要的承重构件。墙体的重量占建筑物总重量的 40%～45%，墙的造价占全部建筑造价的 30%～40%。在其他类型的建筑中，墙体可能是承重构件，也可能是围护构件，但它所占的造价比重也较大。

1）墙：墙在建筑物中主要起承重、围护及分隔作用，按墙在建筑物中的位置、受力情况、所用材料和构造方式不同可分成不同类型。

承重墙体是指承担各种作用并可兼作维护结构的墙体。自承重墙体是指其承担自身重力作用并可作维护结构的墙体。

墙体既是砌体结构房屋中的主要承重构件，又是房屋围护结构，因此墙体材料的选用必须同时考虑结构和建筑两方面的要求，而且还应符合因地制宜、就地取材的原则。

2）框架结构：由柱、纵梁、横梁组成的框架来支承屋顶与楼板荷载的结构，叫做框架结构。由框架、墙板和楼板组成的建筑叫做框架板材建筑。框架结构的基本特征是由柱、梁和楼板承重，墙板仅作为围护和分隔空间的构件。框架之间的墙叫做填充墙，不承重。由轻质墙板作为围护与分隔构件的叫做框架轻板建筑。

框架建筑的主要优点是空间分隔灵活，自重轻，有利于抗震；其缺点是钢材和水泥用量较大，构件的总数量多，吊装次数多，接头工作量大，工序多。

框架建筑适合于要求具有较大空间的多、高层民用建筑、多层工业厂房、地基较软弱的建筑和地震区的建筑。

（3）楼板与地面

楼板是多层建筑中沿水平方向分隔上下空间的结构构件。它除了承受并传递垂直荷载和水平荷载外，还应具有一定程度的隔声、防火、防水等能力。同时，建筑物中的各种水平设备管线，也将在楼板内安装。它主要有楼板结构层、楼面面层、板底、顶棚几个组成部分。

地面是指建筑物底层与土壤相接触的水平结构部分，它承受着地面上的荷载并均匀地传给地基。

（4）楼梯、台阶、坡道

1）楼梯。建筑空间的竖向组合交通联系，是依靠楼梯、电梯、自动扶梯、台阶、坡道以及爬梯等竖向交通设施。其中，楼梯作为竖向交通和人员紧急疏散的主要交通设施，使用最为广泛。

楼梯的宽度、坡度和踏步级数都应满足人们通行和搬运家具、设备的要求。楼梯的数量，取决于建筑物的平面布置、用途、大小及人流的多少。楼梯应设在明显易找和通行方便的地方，以便在紧急情况下能迅速安全地疏散到室外。

2）台阶。一般建筑物的室内地面都高于室外地面，为了便于出入，须根据室内外高差来设置台阶。台阶的踏步高宽比应较楼梯平缓，每级高为

100～150mm，踏面宽为300～400mm。

台阶应采用具有抗冻性好和表面结实耐磨的材料，如混凝土、天然石材、缸砖等。

3）坡道。为便于车辆进出，室外门口有的需要做坡道。一般坡度为1∶6～1∶12，以1∶10较为舒适，大于1∶8时须做防滑措施，其做法有礓磋（即锯齿形）和防滑条。

（5）屋顶

屋顶是房屋最上层起覆盖作用的外围护构件，借以抵抗雨雪，避免日晒等自然界的影响。它首要的功能就是防水和排水，其他则须根据具体要求而有所不同，如寒冷地区要求防寒保温，炎热地区要求隔热降温，有些屋顶还有上人使用的要求。

（6）门与窗

门和窗是建筑物中的围护构件。门在建筑中的作用主要是交通联系，并兼有采光、通风之用；窗的作用主要是采光和通风。门窗的形状、尺寸、排列组合以及材料，对建筑物的立面效果影响很大。门窗还要有一定的保温、隔声、防雨、防风沙等能力，在构造上，应满足开启灵活、关闭紧密、坚固耐久、便于擦洗、符合模数等方面的要求。

1）窗。窗根据开启方式的不同有：固定窗、平开窗、横式旋窗、立式转窗、推拉窗等（图2-1）。窗主要由窗框（又称窗樘）和窗扇组成。窗扇有玻璃窗扇、纱窗扇、百叶窗扇和板窗扇等。

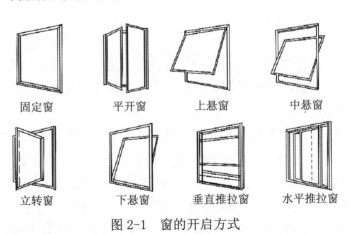

图2-1 窗的开启方式

窗的安装固定主要靠窗框与墙的联结。安装的方式分为立口和塞口两种。

2）门。门的开启形式主要由使用要求决定，通常有平开门、弹簧门、推拉门、折叠门、转门（图2-2）。较大空间活动的车间、车库和公共建筑的外门，还有上翻门、升降门、卷帘门等。

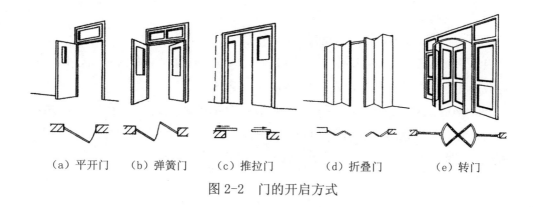

(a) 平开门　　(b) 弹簧门　　(c) 推拉门　　(d) 折叠门　　(e) 转门

图2-2　门的开启方式

门主要由门框、门扇、亮子窗（又称腰头窗，在门上方，为辅助采光和通风用）和五金零件等组成。门扇通常有镶板门、夹板门、拼板门、玻璃门、百叶门和纱门等。

门的安装固定方法与窗同。

2. 工业建筑的基本组成

工业建筑按层数分，有单层工业厂房和多层工业厂房。前者多用于冶金工业、机械制造工业和其他重工业；多层多用于食品工业、电子工业、精密仪器制造业等。多层工业建筑类似民用框架结构建筑。单层工业厂房又分为墙体承重和骨架承重两种结构。

墙承重结构：外墙采用有砖墩的砖墙承重，如果是多跨厂房，中间加砖柱或钢筋混凝土柱承重。它构造简单、造价经济、施工方便。但由于砖的强度低，只在厂房跨度不大、高度较低和吊车荷载较小或没有吊车的中、小型厂房中应用。

骨架承重结构：由横向骨架及纵向联系构件组成的承重体系。横向骨架由屋架（或屋面大梁）、柱及基础组成；纵向联系构件由屋面板（或檩条）、吊车梁、连系梁组成，它与柱连接保证横向骨架的稳定性。现仅介绍单层工业厂房的组成。

（1）基础

基础承受柱和基础梁传来的荷载，并把它传给地基。

1）杯形基础。它是常用的一种基础形式。基础的顶部做成杯口，以便预制钢筋混凝土柱子插入杯口，加以固定（图2-3）。

2）薄壳基础。薄壳基础是近年来结构改革的成果之一。在工业厂房的柱下，在烟囱、水塔、水池等构筑物以及设备基础，都已不同程度地选用薄壳基础（图2-4）。

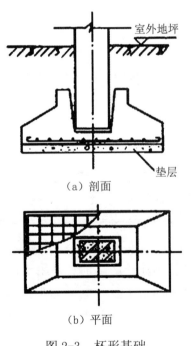

图2-3 杯形基础

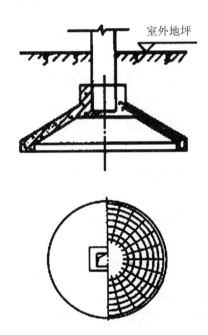

图2-4 薄壳（正圆锥）基础

（2）柱

它是骨架结构中最主要的构件，承受屋架、吊车梁、外墙等竖向荷载和风力等水平荷载，并将这些荷载传给基础。柱子按材料分，有钢柱、钢筋混凝土和砖柱，以钢筋混凝土柱采用最广泛。其截面一般有矩形和工字形两种（图2-5）。

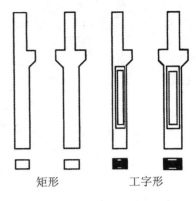

图 2-5 柱子的形式

（3）吊车梁

吊车梁承受吊车荷载（包括吊车起吊重物、吊车运行时的移动集中垂直荷载、起吊重物时启动或制动产生的纵、横向水平荷载），并把它传给柱子。

吊车梁的外形分 T 形和鱼腹式两种（图2-6、图2-7）。

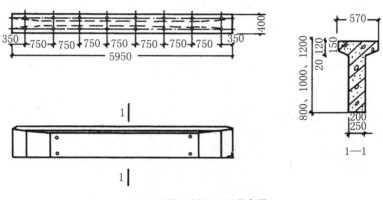

(a) 钢筋混凝土 T 形吊车梁

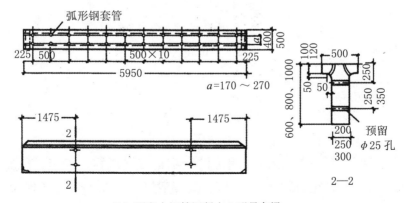

(b) 预应力钢筋混凝土 T 形吊车梁

图 2-6 T 形吊车梁

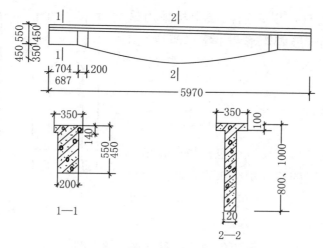

（a）非预应力钢筋混凝土鱼腹式吊车梁

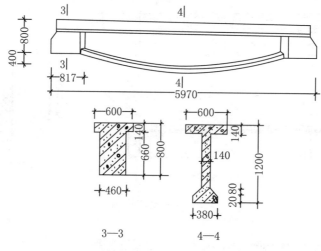

（b）预应力钢筋混凝土鱼腹式吊车梁

图 2-7　鱼腹式吊车梁

（4）屋盖结构

屋盖结构起围护和承重的双重作用，包括：

1）屋架及屋面梁。承受屋盖上的全部荷载（包括屋面板、风荷载），有些厂房还有屋架悬挂荷载（如悬挂吊车、悬挂管道或设备），并把这些荷载传给柱子。

屋面梁和屋架可按厂房的不同跨度选用（图 2-8）。

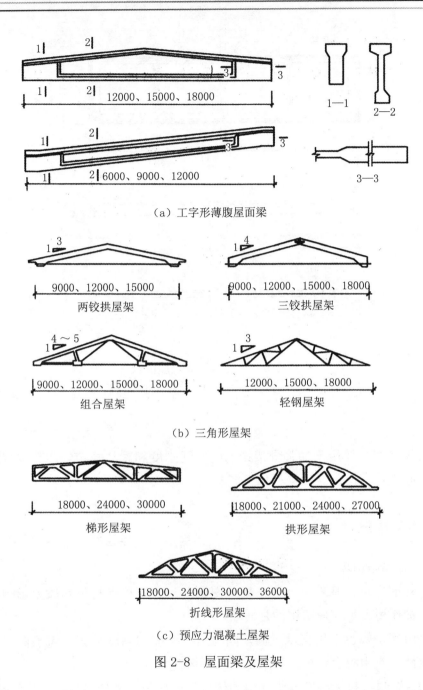

图 2-8 屋面梁及屋架

2）天窗架。天窗架承受天窗架以上屋面板及屋面荷载，并将荷载传给屋架。

3）屋面板。屋面板直接承受屋面荷载（如雪荷载、人到屋面修理等荷载），并把荷载传给屋架（图 2-9）。

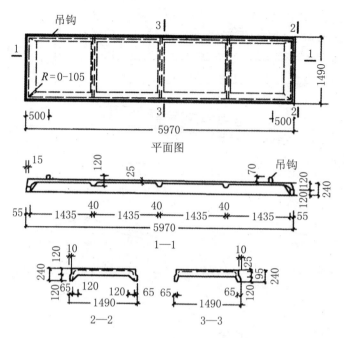

图 2-9 预应力混凝土屋面板

（5）支撑系统

支撑系统主要用于加强骨架结构的空间刚度和整体稳定性。有屋架间支撑、柱间支撑等，一般用钢材加工制成。

（6）围护结构

1）外墙与山墙：

①外墙砌筑在基础梁、连系梁或圈梁上，它仅承受自重和风力影响，主要起围护作用。目前最常用的是砖墙。

②山墙一般也采用自承重墙，因为厂房跨度和高度较大，为了保证山墙的稳定性，应相应设置抗风柱来承受水平风荷载。

2）抗风柱：抗风柱主要承受山墙传来的风荷载，并把它传给屋盖和基础。图 2-10、图 2-11 为抗风柱的布置图和山墙抗风柱与屋架连接图。

3）连系梁与基础梁：其作用主要是承受外墙重量，并把荷载传给柱子和基础。

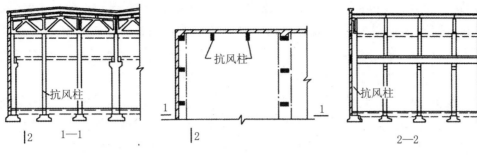

图 2-10　抗风柱布置

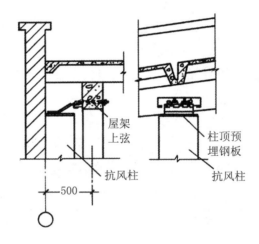

图 2-11　山墙抗风柱与屋架连接

第二节　施工图的基础知识

1. 施工图

施工图是表示工程项目总体布局，建筑物的外部形状、内部布置、结构构造、内外装修、材料做法以及设备、施工等要求的图纸。

施工图具有图纸齐全、表达准确、要求具体的特点，是进行工程施工、编制施工图预算和施工组织设计的依据，也是进行技术管理的重要技术文件。一套完整的施工图一般包括建筑施工图、结构施工图、给水排水和采暖通风施工图及电气施工图等专业图纸，也可将给水排水、采暖通风和电气施工图合在一起，统称设备施工图。

建筑专业设计是整个建筑物设计的龙头，没有建筑设计其他专业也就谈不上设计了。建筑设计如此重要，我们要懂得如何查看建筑施工图，首先要了解建筑施工图的组成，大体上包括以下部分：图纸目录，门窗表，建筑设计总说明，一层至屋顶的平面图，正立面图，背立面图，东立面图，西立面图，剖面图，节点大样图及门窗大样图，楼梯大样图。

视图过程中必须认真严谨地把建筑图理一遍，不懂的地方需要向建筑及建筑图上涉及的其他专业请教，要做到绝对明了建筑的设计构思和意图。图纸目录是了解整个建筑设计整体情况的目录，从其中可以明了图纸数量及出图大小和工程号，还有建筑单位及整个建筑物的主要功能，如果图纸目录与实际图纸有出入，必须与建筑等专业核对情况。

2. 建筑设计总说明

建筑设计总说明对结构设计是非常重要的，因为建筑设计总说明中会包括很多做法及许多结构设计中要使用的数据，墙体做法、地面做法、楼面做法等做法是用以确定抹灰工作相关的部位及具体要求。

3. 建筑平面图

建筑平面图的主要信息是平面结构及墙体布置、门窗布置，以及功能房间布置、楼梯位置等。视图过程中，应通过研究建筑平面图，了解各部分建筑功能。建筑平面图中，一般会标注有建筑平面分格的轴线、尺寸，房间大小，门窗平面位置等重要的工程信息。并且，房间的室内标高以及门窗开启方向，门窗的名称及布置位置也会标注在平面图中。

4. 建筑立面图

建筑立面图，是对建筑立面的描述，主要是外观上的效果，表面门窗在立面上的标高布置及立面布置，立面装饰材料及凹凸变化，层高信息等。通常有线条的地方就是有面的变化。

5. 建筑剖面图

建筑剖面图的作用是对无法在平面图及立面图表述清楚的局部剖切以表述清楚建筑设计师对建筑物内部的处理，在剖面图中可以得到更为准确的层高信息及局部地方的高低变化。

6. 节点大样图及门窗大样

建筑师为了更为清晰地表述建筑物的各部分做法，以便于施工人员了解自己的设计意图，需要对构造复杂的节点绘制大样以说明详细做法。节点大样图对抹灰工程非常重要，正确认识节点大样图，是按设计意图正确完成细部抹灰工作的基础。

7. 楼（电）梯大样图

楼梯是每一个多层建筑必不可少的部分，也是非常重要的一个部分，楼（电）梯大样图通常为平面图和剖面图，用以了解建筑楼（电）梯的设计要求。

第三节 房屋建筑制图基本知识

1. 图纸幅面规格与图纸编排顺序

（1）图纸幅面

1）图纸幅面及框图尺寸应符合表2-1的规定及图2-12的格式。

幅面及图框尺寸（单位：mm）　　　表2-1

尺寸代号 \ 幅面代号	A0	A1	A2	A3	A4
$b×l$	841×1189	594×841	420×594	297×420	210×297
c	10			5	
a	25				

注：表中 b 为幅面短边尺寸，l 为幅面长边尺寸，c 为图框线与幅面线间宽度，a 为图框线与装订边间宽度。

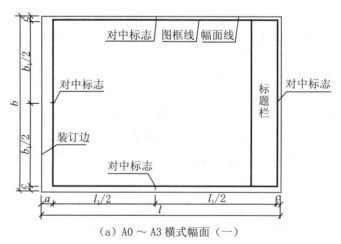

（a）A0～A3 横式幅面（一）

图 2-12　图纸的幅面格式（一）

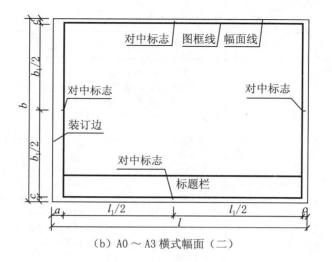

(b）A0～A3横式幅面（二）

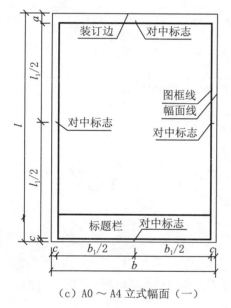

（c）A0～A4立式幅面（一）

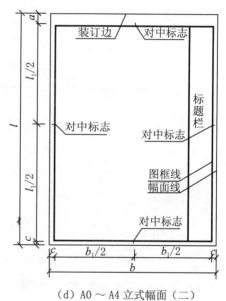

（d）A0～A4立式幅面（二）

图2-12 图纸的幅面格式（二）

2）需要微缩复制的图纸，其一个边上应附有一段准确米制尺度，四个边上均附有对中标志，米制尺度的总长应为100mm，分格应为10mm。对中标志应画在图纸内框各边长的中点处，线宽0.35mm，并应伸入内框边，在框外为5mm。对中标志的线段，于 l_1 和 b_1 范围取中。

3）图纸的短边尺寸不应加长，A0～A3幅面长边尺寸可加长，但应符合表2-2的规定。

图纸长边加长尺寸（单位：mm）　　　　　表 2-2

幅面代号	长边尺寸	长边加长后的尺寸	
A0	1189	1486（A0＋1/4l） 1783（A0＋1/2l） 2080（A0＋3/4l） 2378（A0＋l）	1635（A0＋3/8l） 1932（A0＋5/8l） 2230（A0＋7/8l）
A1	841	1051（A1＋1/4l） 1471（A1＋3/4l） 1892（A1＋5/4l）	1261（A1＋1/2l） 1682（A1＋l） 2102（A1＋3/2l）
A2	594	743（A2＋1/4l） 1041（A2＋3/4l） 1338（A2＋5/4l） 1635（A2＋7/4l） 1932（A2＋9/4l）	891（A2＋1/2l） 1189（A2＋l） 1486（A2＋3/2l） 1783（A2＋2l） 2080（A2＋5/2l）
A3	420	630（A3＋1/2l） 1051（A3＋3/2l） 1471（A3＋5/2l） 1892（A3＋7/2l）	841（A3＋l） 1261（A3＋2l） 1682（A3＋3l）

注：有特殊需要的图纸，可采用 $b×l$ 为 841mm×891mm 与 1189mm×1261mm 的幅面。

4）图纸以短边作为垂直边应为横式，以短边作为水平边应为立式。A0～A3 图纸宜横式使用；必要时，也可立式使用。

5）一个工程设计中，每个专业所使用的图纸，不宜多于两种幅面，不含目录及表格所采用的 A4 幅面。

（2）标题栏

1）图纸中应有标题栏、图框线、幅面线、装订边线和对中标志。图纸的标题栏及装订边的位置，应符合下列规定：

①横式使用的图纸，应按图 2-12（a）、(b) 的形式进行布置；

②立式使用的图纸，应按图 2-12（c）、(d) 的形式进行布置。

2）标题栏应符合图 2-13 的规定，根据工程的需要选择确定其尺寸、格式及分区。签字栏应包括实名列和签名列，并应符合下列规定：

①涉外工程的标题栏内，各项主要内容的中文下方应附有译文，设计单位的上方或左方，应加"中华人民共和国"字样；

②在计算机制图文件中当使用电子签名与认证时，应符合国家有关电子签名法的规定。

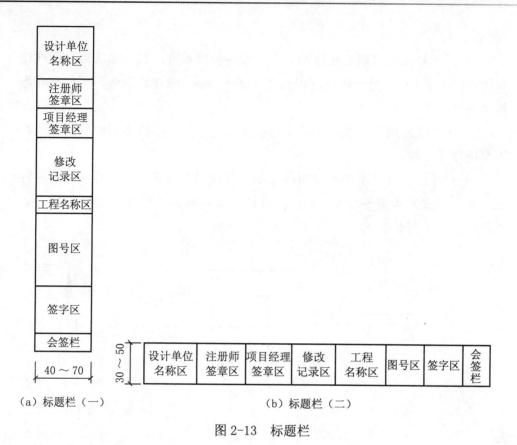

图 2-13　标题栏

（3）图纸编排顺序

1）工程图纸应按专业顺序编排，应为图纸目录、总图、建筑图、结构图、给水排水图、暖通空调图、电气图等。

2）各专业的图纸，应按图纸内容的主次关系、逻辑关系进行分类排序。

2. 尺寸标注

（1）尺寸界线、尺寸线及尺寸起止符号

1）图样上的尺寸，应包括尺寸界线、尺寸线、尺寸起止符号和尺寸数字

（图 2-14）。

2）尺寸界线应用细实线绘制，应与被注长度垂直，其一端应离开图样轮廓线不应小于 2mm，另一端宜超出尺寸线 2～3mm。图样轮廓线可用作尺寸界线（图 2-15）。

3）尺寸线应用细实线绘制，应与被注长度平行。图样本身的任何图线均不得用作尺寸线。

4）尺寸起止符号用中粗斜短线绘制，其倾斜方向应与尺寸界线成顺时针 45°角，长度宜为 2～3mm。半径、直径、角度与弧长的尺寸起止符号，宜用箭头表示（图 2-16）。

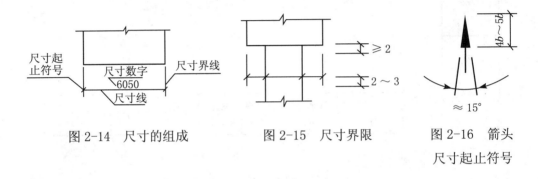

图 2-14　尺寸的组成　　图 2-15　尺寸界限　　图 2-16　箭头尺寸起止符号

（2）尺寸数字

1）图样上的尺寸，应以尺寸数字为准，不得从图上直接量取。

2）图样上的尺寸单位，除标高及总平面以米为单位外，其他必须以毫米为单位。

3）尺寸数字的方向，应按图 2-17（a）的规定注写。若尺寸数字在 30°斜线区内，也可按图 2-17（b）的形式注写。

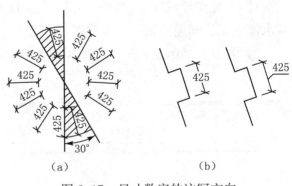

图 2-17　尺寸数字的注写方向

4）尺寸数字应依据其方向注写在靠近尺寸线的上方中部。如没有足够的注写位置，最外边的尺寸数字可注写在尺寸界线的外侧，中间相邻的尺寸数字可上下错开注写,引出线端部用圆点表示标注尺寸的位置(图2-18)。

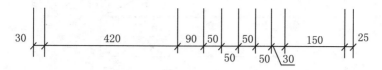

图 2-18　尺寸数字的注写位置

(3) 尺寸的排列与布置

1) 尺寸宜标注在图样轮廓以外,不宜与图线、文字及符号等相交(图 2-19)。

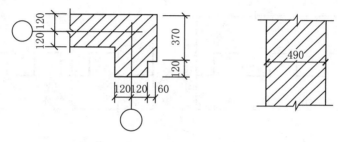

图 2-19　尺寸数字的注写

2) 互相平行的尺寸线,应从被注写的图样轮廓线由近向远整齐排列,较小尺寸应离轮廓线较近,较大尺寸应离轮廓线较远。

3) 图样轮廓线以外的尺寸界线,距图样最外轮廓之间的距离,不宜小于 10mm。平行排列的尺寸线的间距,宜为 7～10mm,并应保持一致。

4) 总尺寸的尺寸界线应靠近所指部位,中间的分尺寸的尺寸界线可稍短,但其长度应相等。

(4) 尺寸的简化标注

1) 杆件或管线的长度,在单线图(桁架简图、钢筋简图、管线简图)上,可直接将尺寸数字沿杆件或管线的一侧注写(图 2-20)。

2) 连续排列的等长尺寸,可用"等长尺寸 × 个数＝总长"[图 2-21(a)],或"等分 × 个数＝总长"[图 2-21(b)]的形式标注。

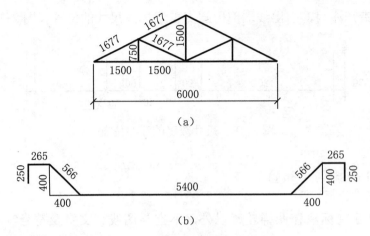

图 2-20 单线图尺寸标注方法

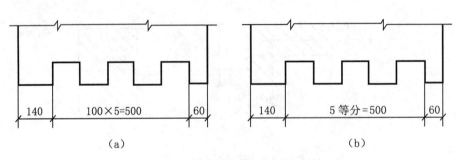

图 2-21 等长尺寸简化标注方法

3) 构配件内的构造因素（如孔、槽等）如相同，可仅标注其中一个要素的尺寸（图 2-22）。

4) 对称构配件采用对称省略画法时，该对称构配件的尺寸线应略超过对称符号，仅在尺寸线的一端画尺寸起止符号，尺寸数字应按整体全尺寸注写，其注写位置宜与对称符号对齐（图 2-23）。

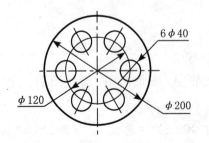

图 2-22 相同要素尺寸标注方法

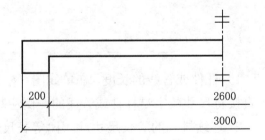

图 2-23 对称构件尺寸标注方法

5）两个构配件，如个别尺寸数字不同，可在同一图样中将其中一个构配件的不同尺寸数字注写在括号内，该构配件的名称也应注写在相应的括号内（图2-24）。

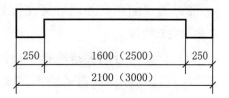

图 2-24　相似构件尺寸标注方法

6）数个构配件，如仅某些尺寸不同，这些有变化的尺寸数字，可用拉丁字母注写在同一图样中，另列表格写明其具体尺寸（图2-25）。

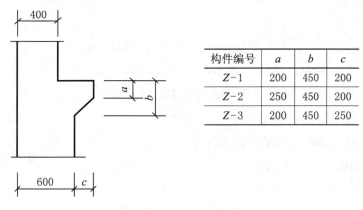

图 2-25　相似构配件尺寸表格式标注方法

（5）标高

1）标高符号应以直角等腰三角形表示，按图2-26（a）所示形式用细实线绘制，当标注位置不够，也可按图2-26（b）所示形式绘制。标高符号的具体画法应符合图2-26（c）、（d）的规定。

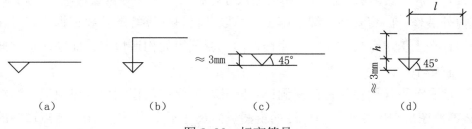

图 2-26　标高符号

l—取适当长度注写标高数字；h—根据需要取适当高度

2) 总平面图室外地坪标高符号，宜用涂黑的三角形表示，具体画法应符合图 2-27 的规定。

3) 标高符号的尖端应指至被注高度的位置。尖端宜向下，也可向上。标高数字应注写在标高符号的上侧或下侧，如图 2-28 所示。

图 2-27　总平面图室外地坪标高符号　　图 2-28　标高的指向

4) 标高数字应以米为单位，注写到小数点以后第三位。在总平面图中，可注写到小数字点以后第二位。

5) 零点标高应注写成 ±0.000，正数标高不注"+"，负数标高应注"-"，例如 3.000、-0.600。

6) 在图样的同一位置需表示几个不同标高时，标高数字可按图 2-29 的形式注写。

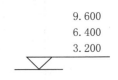

图 2-29　同一位置注写多个标高数字

第四节　墙身详图及节点详图

墙身详图也叫墙身大样图，实际上是建筑剖面图的有关部位的局部放大图。它主要表达墙身与地面、楼面、屋面的构造连接情况以及檐口、门窗顶、窗台、勒脚、防潮层、散水、明沟的尺寸、材料、做法等构造情况，是砌墙、室内外装修、门窗安装、编制施工预算以及材料估算等的重要依据。有时在外墙详图上引出分层构造，注明楼地面、屋顶等的构造情况，而在建筑剖面图中省略不标。

墙身节点详图往往在门窗洞口处断开，因此在门窗洞口处出现双折断线（该部位图形高度变小，但标注的窗洞竖向尺寸不变），成为几个节点详图的组合。在多层房屋中，若各层的构造情况一样时，可只画墙脚、檐口和中间层（含门窗洞口)三个节点,按上下位置整体排列。有时墙身详图不以整体形式布置,而把各个节点详图分别单独绘制,也称为外墙剖面详图。

1. 散水

散水是沿建筑物外墙底部四周设置的内外倾斜的斜坡,又称散水坡。散水是为了及时排除地面雨水,减少建筑地下部分受雨水侵蚀的程度,控制基础周围土层的含水率,确保基础的使用安全而经常采用的一种构造措施。

散水采用混凝土、砂浆等不透水的材料作面层,采用混凝土或碎砖混凝土作垫层,土层冻深在 600mm 以上的地区,还要在散水垫层下面设置砂垫层,以免散水被土层冻胀所破坏,通常砂垫层的厚度控制在 300mm 左右。散水的工程设计图如图 2-30 所示。

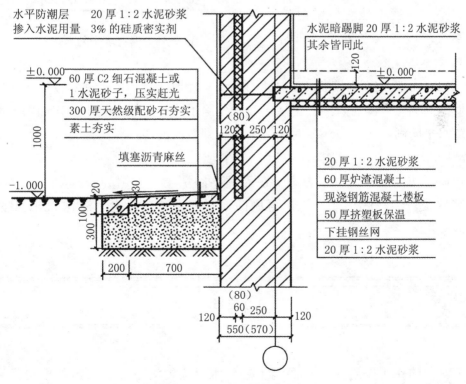

图 2-30 某工程散水详图

2. 墙身防潮层

土层中的潮气进入建筑地下部分材料的孔隙内形成毛细水并沿墙体上升，逐渐使地上部分墙体潮湿。为了阻隔毛细水，就要在墙体中设置防潮层。防潮层分为水平防潮层和垂直防潮层两种形式。

所有墙体的底部均应设置水平防潮层。为了防止地表水反渗的影响，防潮层应设置在首层地坪结构层（如混凝土垫层）厚度范围之内的墙体之中，与地面垫层形成一个封闭的防潮层。当首层地面为实铺时，防潮层的位置通常选择在-0.060m处。防潮层的位置关系到防潮的效果，位置不当，就不能有效阻隔地下潮气，墙身水平防潮层如图2-31所示。

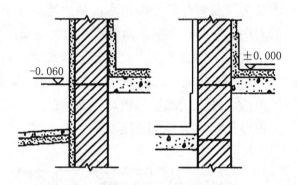

图2-31 墙身水平防潮层

当室内地面出现高差或室内地面低于室外地面时，由于地面较低一侧房间墙体的另外一侧为防潮湿土层，在此处除了要分别按高差不同在墙内设置两道水平防潮层之外，还要对两道水平防潮之间的墙体做防潮处理，即垂直防潮层。

垂直防潮层的具体做法是：在墙体靠回填土一侧用20mm厚1:2水泥砂浆抹灰，涂冷底子油一道，再刷两遍热沥青防潮，也可涂抹25mm厚防水砂浆。

3. 窗台

窗台的作用是避免顺窗面淌下的雨水聚集窗洞下部或沿窗下框与窗洞之间的缝隙向室内渗流，同时也避免雨水滴淌污染墙面。窗台有悬挑窗台和不悬挑窗台两种。

4. 过梁

为了承担墙体洞口上传来的荷载,并把这些荷载传递给洞口两侧的墙体,需要在洞口上设置横梁,即过梁。过梁多设置在门窗洞口之上,称为门窗过梁。在工程中常见的有砖拱过梁、钢筋砖过梁和钢筋混凝土过梁,以钢筋混凝土过梁最为常见。过梁详见如图2-32所示。

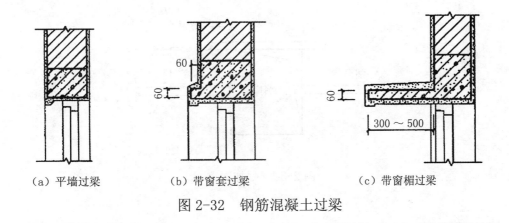

（a）平墙过梁　　（b）带窗套过梁　　（c）带窗楣过梁

图2-32　钢筋混凝土过梁

5. 圈梁

圈梁是沿外墙四周及部分内墙设置在楼板处的连续闭合的梁,可提高建筑物的空间刚度及整体性,增加墙体的稳定性,减少由于地基不均匀沉降而引起的墙身开裂。圈梁宜设在楼板标高处,尽量与楼板结构连成整体,当圈梁与过梁位置相近时,也可设在门窗洞口上部,兼起过梁作用,如图2-33所示。

钢筋混凝土圈梁的高度不小于120mm,宽度与墙厚相同。圈梁遇到门窗洞口时应设附加圈梁,如图2-34所示。

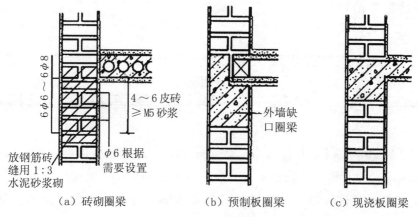

图 2-33 圈梁

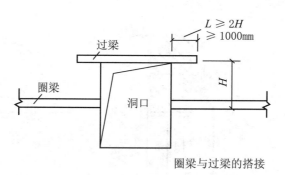

图 2-34 附加圈梁

6. 外墙保温

外墙保温是由聚合物砂浆、玻璃纤维网格布、阻燃型模塑聚苯乙烯泡沫板（EPS）或挤塑板（XPS）等材料复合而成，集保温、防水、饰面等功能于一体，如图 2-35 所示。

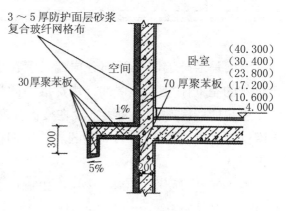

图 2-35 外墙保温

第三章 抹灰材料

第一节 抹灰砂浆

砂浆是由胶结料、细骨料、水和其他辅料组成的,在建筑工程中起着粘结、衬砌和传递应力的作用。

用于墙柱面、顶棚面和地面上抹平表面的砂浆称为抹灰砂浆,无细骨料者则称为抹灰灰浆。抹于墙柱面、顶棚面上的砂浆只起粘结、衬砌作用。抹于地面上的砂浆则起着粘结、衬垫和传递应力的作用。

1. 分类

1) 水泥抹灰砂浆。以水泥为胶凝材料,加入细骨料和水按一定比例配制而成的抹灰砂浆。

2) 水泥粉煤灰抹灰砂浆。以水泥、粉煤灰为胶凝材料,加入细骨料和水按一定比例配制而成的抹灰砂浆。

3) 水泥石灰抹灰砂浆。以水泥为胶凝材料,加入石灰膏、细骨料和水按一定比例配制而成的抹灰砂浆,简称混合砂浆。

4) 掺塑化剂水泥抹灰砂浆。以水泥(或添加粉煤灰)为胶凝材料,加入细骨料、水和塑化剂按一定比例配制而成的抹灰砂浆。

5）聚合物水泥抹灰砂浆。以水泥为胶凝材料，加入细骨料、水和适量聚合物按一定比例配制而成的抹灰砂浆。包括普通聚合物水泥抹灰砂浆（无压折比要求）、柔性聚合物水泥抹灰砂浆（无压折比要求）、柔性聚合物水泥砂浆（压折比≤3）及防水聚合物水泥抹灰砂浆。

6）石膏抹灰砂浆。以半水石膏或Ⅱ型无水石膏单独或者两者混合后为胶凝材料，加入细骨料、水和多种外加剂按一定比例配制而成的抹灰砂浆。

7）预拌抹灰砂浆。专业生产厂生产的用于抹灰工程的砂浆。

8）界面砂浆。提高抹灰砂浆层与基层粘结强度的砂浆。

2. 抹灰砂浆配合比

抹灰砂浆配合比是指各组成材料的体积比，个别情况下也有用重量比。实际施工中，由于水泥、色石碴、石膏等体积不易测量，将其体积折算成重量计算。

水泥抹灰砂浆配合比的材料用量可参照表 3-1。

水泥抹灰砂浆不同配合比的材料用量（kg/m³）　　　表 3-1

强度等级	水泥	砂	水
M15	330～380	1m³ 砂的堆积密度值	250～300
M20	380～450		
M25	400～450		
M30	460～530		

水泥粉煤灰抹灰砂浆配合比的材料用量可参照表 3-2。

水泥粉煤灰抹灰砂浆不同配合比的材料用量（kg/m³）　　表 3-2

强度等级	水泥	粉煤灰	砂	水
M5	250～290	内掺，等量取代水泥量的 10%～30%	1m³ 砂的堆积密度值	270～320
M10	320～350			
M15	350～400			

水泥石灰抹灰砂浆配合比的材料用量可参照表 3-3。

水泥石灰抹灰砂浆配合比的材料用量（kg/m³）　　　表 3-3

强度等级	水泥	石灰膏	砂	水
M2.5	200～230	（350～400）-C	1m³ 砂的堆积密度值	180～280
M5	230～280			
M7.5	280～330			
M10	330～380			

注：表中 C 为水泥用量。

掺塑化剂水泥抹灰砂浆配合比的材料用量可参照表 3-4。

掺塑化剂水泥抹灰砂浆配合比的材料（kg/m³）　　　表 3-4

强度等级	水泥	砂	水
M5	260～300	1m³ 砂的堆积密度值	250～280
M10	330～360		
M15	360～410		

抗压强度为 4.0MPa 石膏抹灰砂浆配合比的材料用量可参照表 3-5。

抗压强度为 4.0MPa 石膏抹灰砂浆配合比的材料用量（kg/m³）　　　表 3-5

石膏	砂	水
450～650	1m³ 砂的堆积密度值	260～400

3. 抹灰砂浆技术性能

抹灰砂浆要求有合适的稠度和良好的保水性。地面面层的抹灰砂浆还要求有足够的抗压强度。

砂浆的稠度是指砂浆使用时的稀稠程度，太稀的砂浆在涂抹时容易产生流淌现象；太稠的砂浆不易涂抹，难于摊铺均匀。砂浆的合适稠度是根据砂浆品种及施工方法而定。

砂浆稠度测定使用稠度测定仪（图3-1）。

用砂浆稠度测定仪测定砂浆稠度时，先将拌合均匀的砂浆一次装入圆锥筒内，至距上口1cm，用捣棒插捣及轻轻振动至表面平整，然后将圆锥筒置于固定在支架上的圆锥体下方。放松固定螺丝，使圆锥体的尖端与砂浆表面接触。拧紧固定螺丝后，读出标尺

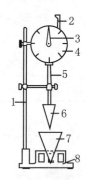

图3-1 砂浆稠度测定仪

1—支架；2—齿条测杆；3—指针；4—刻度盘；5—滑杆；6—圆锥体；7—圆锥筒；8—底座

读数。随后突然松开固定螺丝，使圆锥体自由沉入砂浆中，10s后，读出下沉的深度（以cm计），即为砂浆的稠度值。取两次测定结果算术平均值作为砂浆稠度的测定结果。如两次测定值之差大于3cm，则应配料重新测定。

工地上可采用砂浆稠度简易测定法，即将单个圆锥体的尖端与砂浆表面相接触，然后放手让其自由地落入砂浆中，取出圆锥体用尺直接量出圆锥体沉入的垂直深度（以cm计），即为砂浆稠度。

砂浆的保水性是指保全水分的能力。砂浆保水性不良，则砂浆在运输、贮存过程中容易发生泌水现象，即骨料下沉、水浮在上面、骨料与水离析。

砂浆的保水性用分层度表示，分层度测定采用分层度测定仪（图3-2）。

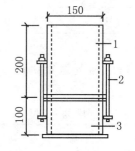

图3-2 分层度测定仪

1—无底圆筒；2—连接螺栓；3—有底圆筒

测定砂浆分层度时，先将拌合好的砂浆，一次装入分层度测定仪中，测定其沉入度K_1，静置30min后，去掉上面的20cm厚砂浆，剩余的10cm砂浆重新拌合后，再测定其沉入度K_2。两次测得的沉入度之差（K_1-K_2），即为砂浆的分层度，取两次试验的算术平均值。分层度小于30cm表示砂浆保水性良好。

抹灰砂浆强度等级是根据尺寸为7.07cm×7.07cm×7.07cm立方体试块，经20±5℃及正常湿度条件下的室内不通风处养护28d的平均抗压极限强度（MPa）而确定的。抹灰砂浆强度等级有M15、M10、M7.5、M5、M2.5、M1、M0.4。如M10砂浆，其抗压极限强度为10MPa。1:3水泥砂浆相当于M10；1:2水泥砂浆相当于M15；1:1:6水泥石灰砂浆相当于M5；1:3石灰砂浆相当于

M1；1∶2.5 水泥石子浆相当于 M15。

4. 特种砂浆

特种砂浆主要是指具有保温隔热、吸声、防水、耐腐蚀、防辐射、装饰和粘结等特殊要求的砂浆。

（1）保温、吸声砂浆

保温、吸声砂浆主要有膨胀珍珠岩砂浆、膨胀蛭石砂浆。以水泥、石灰、石膏为胶凝材料、膨胀珍珠岩砂或膨胀蛭石砂为骨料、加水拌合制成，具有重度轻、保温隔热和吸声效果良好等优点，适用于屋面保温、室内墙面和管道的抹灰等。

（2）防水砂浆

掺加有防水剂的水泥砂浆。用于地下室、水塔、水池、储液罐等要求防水的部位，也可用以进行渗漏修补。

（3）耐腐蚀砂浆

1）耐酸砂浆：以水玻璃为胶凝材料、石英粉等为耐酸粉料、氟硅酸钠为固化剂与耐酸集料配制而成的砂浆，可用做一般耐酸车间地面。

2）硫磺耐酸砂浆：以硫磺为胶结料，聚硫橡胶为增塑剂，掺加耐酸粉料和骨料，经加热熬制而成。具有密实，强度高，硬化快，能耐大多数无机酸、中性盐和酸性盐的腐蚀，但不耐浓度在 5% 以上的硝酸、强碱和有机溶液，耐磨和耐火性均差，脆性和收缩性较大的特点。一般多用于粘结块材，灌筑管道接口及地面、设备基础、储罐等处。

3）耐铵砂浆：先以高铝水泥、氧化镁粉和石英砂干拌均匀后再加复合酚醛树脂充分搅拌制成，能耐各种铵盐、氨水等侵浊，但不耐酸和碱。

4）耐胶砂浆：以普通硅酸盐水泥、砂和粉料加水拌合制成，有时掺加石棉绒。砂及粉料应选用耐碱性能好的石灰石、白云石等骨料，常温下能抵抗330g/L以下浓度的氢氧化钠碱类侵蚀。

（4）防辐射砂浆

1）分类

①重晶石砂浆。用水泥、重晶石粉、重晶石砂加水制成。重度大（25kN/m³），对X、γ射线能起阻隔作用。

②加硼水泥砂浆。往砂浆中掺加一定数量的硼化物（如硼砂、硼酸、碳化硼等）制成，具有抗中子辐射性能。常用配比为石灰∶水泥∶重晶石粉∶硬硼酸钙粉＝1∶9∶31∶4（重量比）并加适量塑化剂。

2）使用范围

随着原子能工业和放射性元素提炼技术的发展，为防止射线对人体的伤害，在建造原子反应堆的同时必须设置防护体。防辐射水泥砂浆，有的是用作防射线的遮蔽体（如实验室、X射线探伤室、X射线治疗室同位素实验室的墙体、地面、房顶等），带射线切割、焊接机车间的屏蔽墙体，公共配电机房、大型计算机房、强高压电设备及传导线周围等；有的用于原子能反应堆结构。大多数情况，防辐射混凝土砂浆均采用重骨料配成的重质混凝土砂浆，或成为高密度混凝土砂浆。为达到防射线的目的，必须根据射线的种类，并要求考虑经济性以及施工的可能性，其用途十分广泛。

第二节 一般抹灰材料

1. 水泥

（1）水泥种类

1）硅酸盐水泥：凡由硅酸盐水泥熟料、0%～5%石灰石或粒化高炉矿渣、适量石膏磨细制成的水硬性胶凝材料均称为硅酸盐水泥（国外通称为波特兰水泥）。

硅酸盐水泥分为两种类型：不掺石灰石或粒化高炉矿渣的称为Ⅰ型硅酸盐水泥，代号为 P.Ⅰ；在粉磨时掺加不超过水泥重量 5% 的石灰石或粒化高炉矿渣混合材料的称为Ⅱ型硅酸盐水泥，代号为 P.Ⅱ。

2）普通硅酸盐水泥：凡由硅酸盐水泥熟料、6%～15% 混合材料、适量石膏磨细制成的水硬性胶凝材料均称为普通硅酸盐水泥（简称普通水泥），代号为 P.O。

3）矿渣硅酸盐水泥：凡由硅酸盐水泥熟料和粒化高炉矿渣、适量石膏磨细制成的水硬性胶凝材料均称为矿渣硅酸盐水泥（简称矿渣水泥），代号为 P.S。水泥中粒化高炉矿渣掺加量按质量百分比计为 20%～70%。

4）火山灰质硅酸盐水泥：凡由硅酸盐水泥熟料和火山灰质混合材料、适量石膏磨细制成的水硬性胶凝材料均称为火山灰质硅酸盐水泥（简称火山灰水泥），代号为 P.P。水泥中火山灰质混合材料掺加量按质量百分比计为 20%～50%。

5）粉煤灰硅酸盐水泥：凡由硅酸盐水泥熟料和粉煤灰、适量石膏磨细制成的水硬性胶凝材料均称为粉煤灰硅酸盐水泥（简称粉煤灰水泥），代号为 P.F。水泥中粉煤灰掺加量按质量百分比计为 20%～40%。

6）白色硅酸盐水泥：凡以适当成分的生料，烧至部分熔融，所得以硅酸钙为主要成分及含铁质的熟料，加入适量的石膏，磨成细粉，制成的白色水硬性胶结材料，称为白色硅酸盐水泥，简称白水泥。

7）彩色硅酸盐水泥：凡以白色硅酸盐水泥熟料和优质白色石膏在粉磨过程中掺入颜料、外加剂（防水剂、保水剂、增塑剂、促硬剂等）共同粉磨而成的一种水硬性彩色胶结材料，称为彩色硅酸盐水泥，简称彩色水泥。

抹灰常用的水泥应不低于 32.5 级的普通硅酸盐水泥（简称普通水泥）、矿渣硅酸盐水泥（简称矿渣水泥）以及白水泥、彩色硅酸盐水泥（简称彩色水泥）。白水泥和彩色水泥主要用于制作各种颜色的水磨石、水刷石、斩假石以及花饰等。

（2）水泥的储存保管

1）水泥可以袋装或散装。袋装水泥每袋净重 50kg，且不得少于标志重量的98%。

2）水泥在运输与贮存时不得受潮和混入杂物，不同品种和强度等级的水泥应分别贮存，不得混杂。

3）水泥进场必须有出厂合格证或进场试验报告，并应对其品种、强度等级、包装或散装仓号、出厂日期等检查验收。

4）当对水泥质量有怀疑或水泥出厂超过三个月，应复查试验，并按试验结果使用，不得擅自降低强度等级使用。

2. 石灰膏

块状生石灰经熟化成石灰膏后使用。熟化时宜用不大于3mm筛孔的筛子过滤，并贮存在沉淀池中，熟化时间一般不少于15d，用于罩面时，不应少于30d。石灰膏应细腻洁白，不得含有未熟化颗粒，已冻结风化的石灰膏不得使用。

3. 建筑石膏

建筑石膏是由天然二水石膏经150～170℃温度下煅烧分解而成的半水石膏，亦称熟石膏。建筑石膏色白，相对密度为2.60～2.75，疏松体积质量为800～1000kg/m^3。

1）建筑用石膏应磨成细粉无杂质，宜用乙级建筑石膏，细度通过0.15mm筛孔，筛余量不大于10%。

2）抹灰用石膏，一般用于高级抹灰或抹灰龟裂的补平。

3）施工中如需要石膏加速凝结，可加入食盐或掺入少量未经煅烧的石膏；如需缓凝，可掺入石灰浆，必要时也可掺入水重量0.1%～0.2%的明胶或骨胶。

4）建筑石膏的初凝时间应不小于6min；终凝时间应不大于30min。

5）建筑石膏一般采用袋装。

6）建筑石膏应按不同等级分别贮存，不得混杂，贮存时不得受潮和混入杂物。

7）建筑石膏自生产之日算起，贮存期为三个月。三个月后应重新进行质量检验，以确定其等级。

4. 磨细石灰粉

其细度通过0.125mm的方孔筛，累计筛余量不大于13%，使用前用水浸泡使其充分熟化，熟化时间最少不小于3d。

浸泡方法：提前备好大容器，均匀地往容器中撒一层生石灰粉，浇一层水，然后再撒一层，再浇一层水，依次进行，当达到容器的2/3时，将容器内放满水，使之熟化。

5. 粉煤灰

粉煤灰用作抹灰掺合料，可节约水泥，提高和易性。要求烧失量不大于8%，吸水量比不大于105%，过0.15mm筛，筛余不大于8%。

6. 粉刷石膏

粉刷石膏：是以建筑石膏粉为基料，加入多种添加剂和填充料等配置而成的一种白色粉料，是一种新型装饰材料，其质量应符合规定要求。

面层粉刷石膏用于室内墙体和顶棚的抹灰，代替传统的抹灰和罩面。

基底粉刷石膏用于室内各种墙体找平抹灰，可用在砖、加气混凝土、钢筋混凝土等各种基层上。

保温粉刷石膏用于外墙的内保温。在37cm砖上抹厚3cm保温石膏,可达到49cm砖墙的保温效果。

7. 砂

(1) 砂的种类

1) 按产地不同:
①山砂。其中含有较多粉状黏土和有机质。
②海砂。其中含有贝壳、盐分等有害物质,需经处理、检验合格后才能使用。
③河砂。其中所含杂质较少,所以使用最多。

2) 按直径不同:
①粗砂。其平均直径不小于0.5mm。
②中砂。其平均直径不小于0.35mm。
③细砂。其平均直径不小于0.25mm。

(2) 砂的质量检验及保管

1) 质量检验:检验时应按砂的同一产地、同一规格分批验收。采用大型工具(如火车、货船或汽车)运输的,应以400m³或600t为一验收批;采用小型工具(如拖拉机等)运输的,应以200m³或300t为一验收批。不足上述量者,应按一验收批进行验收。当砂的质量比较稳定、进料量又较大时,可以1000t为一验收批。每验收批砂至少进行颗粒级配、含泥量、泥块含量检验。对于碎石或卵石,还应检验针片状颗粒含量;对于海砂或有氯离子污染的砂,还应检验其氯离子含量;对于海砂,还应检验贝壳含量;对于人工砂及混合砂,还应检验石粉含量。对于重要工程或特殊工程,则应根据工程要求增加检测项目。对其他指标的合格性有怀疑时,应予以检验。

2) 保管:砂在施工场地应分规格堆放,防止污物污水、人踏车碾造成损失,需要时还应采取防风措施。

第三节 其他抹灰材料

1. 纸筋

采用白纸筋或草纸筋施工时,使用前要用水浸透(时间不少于三周),并将其捣烂成糊状,要求洁净、细腻。用于罩面时宜用机械碾磨细腻,也可制成纸浆。要求稻草、麦秆筋应坚韧、干燥、不含杂质,其长度不得大于30mm,稻草、麦秆应经石灰浆浸泡处理。

2. 麻刀

必须柔韧干燥,不含杂质,行缝长度一般为10～30mm,用前4～5d敲打松散并用石灰膏调好,也可采用合成纤维。

3. 稻草

切成不长于3cm并经石灰水浸泡15d后使用较好。也可用石灰(或火碱)浸泡软化后轧磨成纤维质当纸筋使用。

4. 玻璃纤维

将玻璃丝切成1cm长左右,每100kg石灰膏掺入200～300g,搅拌均匀成玻璃丝灰。玻璃丝耐热、耐腐蚀,抹出墙面洁白光滑,而且价格便宜,但操作时需防止玻璃丝刺激皮肤,应注意劳动保护。

5. 彩色石粒

彩色石粒是由天然大理石破碎而成,具有多种色泽,多用于作水磨石、水刷石及斩假石的骨料。

6. 彩色瓷粒

用石英、长石和瓷土为主要原料烧制而成,粒径为 1.2~3mm,颜色多样。

7. 膨胀珍珠岩

抹灰用膨胀珍珠岩应具有密度小、导热系数低、承压能力高的优点,宜用Ⅱ类粒径混合级配,即密度 80~150kg/m³,粒径小于 0.16mm 的不大于 8%,常温导热系数 0.052~0.064W/(m·K),含水率<2%。

8. 膨胀蛭石

系由蛭石经过晾干、破碎、筛选、煅烧、膨胀而成,耐火防腐。蛭石砂浆用于厨房、浴室、地下室及湿度较大的车间等内墙面积和顶棚抹灰,能防止阴冷潮湿、凝结水等不良现象,是一种很好的无机保温隔热、吸声材料。

9. 颜料

掺入装饰砂浆中的颜料，应用耐碱和耐晒的矿物颜料，装饰砂浆用颜料有黄色、红色、蓝色、绿色、棕色、紫色、黑色、白色。

10. 外掺合剂

1）聚酯酸乙烯乳液是一种白色水溶性胶粘剂，性能和耐久性均较好，可用于较高级的装饰工程。

2）二元乳液是白色水溶液胶粘剂，性能和耐久性较好，多用于高级装饰工程。

3）木质素磺酸钙是减水剂，掺入聚合物水泥砂浆中，约可减少用水量10%左右，并提高粘结强度、抗压强度和耐污染性能。掺量为水泥质量的0.3%左右。

4）108胶是一种新型胶粘剂，属于不含甲醛的乳液。

11. 界面剂

界面剂对物体表面进行的处理，可能是物理作用的吸附或包覆，也可能是物理化学的作用。其目的是改善或完全改变材料表面的物理技术性能和表面化学特性。以改变物体界面物理化学特性为目的产品，也可以称为界面改性剂。对物体表面进行处理，以改善材料的表面性能，则称为表面处理。

界面剂在不同领域都有应用，对物体表面处理工艺手段及目的也都不同，常见的界面剂对物体界面的处理与改性可分为四种工艺类型：润湿与浸渍、涂层处理、偶联剂处理以及表面改性。

(1) 分类及性能

常见界面剂分为干粉型和乳液型两种。

1) 干粉型界面剂：干粉界面剂是由水泥等无机胶凝材料、填料、聚合物胶粉和相关的外加剂组成的粉状物。具有高黏结力，优秀的耐水性、耐老化性，使用时按一定比例掺水搅拌使用。

2) 乳液型界面剂：乳液型界面剂是以化学高分子材料为主要成分，辅以其他填料制成。按其组成及适用基层又分为单组分和双组分，双组分产品使用时需按比例掺加水泥。

(2) 使用方法

1) 可采用滚筒涂刷或机械喷涂的方法，喷刷于待处理基层或保温板材表面即可。

2) 水泥：砂：界面剂＝1：2：0.5比例混合搅拌均匀，直接涂刷于待处理基层表面即可。

(3) 施工工艺

1) 施工环境须干燥，相对湿度应小于70%，通风良好，基面及环境的温度不应低于+5℃。

2) 基面准备：基面应该干净、不松动、无灰尘、油脂、青苔、地毯胶等应清除掉，松动及开裂部位应事先凿除并修补好。

3) 搅拌：每袋粉料（20kg）加10L的水（水：粉＝0.5：1），须用电动设备进行搅拌，搅拌成均匀的稀浆状。

4) 涂刷与干燥：用滚筒或毛刷把浆料涂刷到基面上，不能漏刷，然后让涂面干燥（约12小时）。

5) 养护与成品保护：加强通风自然养护即可，待浆料实干（表面变灰黑色）并确认完全封闭基面后，方可开展后续的工序。

6) 工具的清洗：凝固的浆料很难清除，工具用后，应尽快用水清洗干净。

第四节 化工材料

1. 颜料

为了房屋建筑物装饰抹灰的美观，通常在装饰砂浆中掺配颜料。为保证装饰抹灰的光泽耐久，掺入装饰砂浆中的颜料，必须用耐碱、耐光的矿物颜料及无机颜料。

（1）白色系

1）钛白粉（学名：二氧化钛）

钛白粉的遮盖力及着色率都很强，折射率很高。纯净的钛白粉无毒，能溶于硫酸、不溶于水，也不溶于稀酸，是一种惰性物质。商品有两种：一种是金红石型二氧化钛，密度为 $4.26kg/cm^3$，耐光性非常强，适用于外抹灰；一种是锐钛矿型二氧化钛，密度为 $3.84kg/cm^3$，耐光性较差，适用于室内抹灰。

2）锌氧粉（俗称：锌白。学名：氧化锌）

是一种色白六角晶体无臭极细粉末，密度为 $5.61kg/cm^3$。溶于酸、氢氧化钠和氯化铵溶液，不溶于水或乙醇，是一种两性氧化物。高温下或储存久时色即变黄，因此不宜用于外饰面。

3）锑白（俗称：锑华。学名：三氧化二锑）

又称"亚锑酐"，白色无臭结晶粉末，密度为 $5.67kg/cm^3$。加热变黄，冷后又变白色。不溶于水、乙醇，溶于浓盐酸、浓硫酸、浓碱、草酸等，是一种两性氧化物。天然产物为锑华。

4）大白粉（又名：白垩）

由方解石质点与有孔虫、软骨动物和球菌类的方解石质碎屑组成的沉积岩。色白或灰白，松软易粉碎，有不同的成分和性质。粉碎过筛加工后即为大白粉。

5）老粉（又名：方解石粉）

由方解石及其他方解石含量高的石灰岩石粉碎加工而成，一般规格为320目，含碳酸钙98%以上。如无老粉，亦可用三飞粉或双飞粉代替。老粉只宜作内抹灰。

（2）黄色系

1）氧化铁黄（俗称：铁黄、茄门黄。学名：含水三氧化二铁）

黄色粉末，遮盖力比任何其他黄色颜料都高，着色力几乎与铅铬黄相等。耐光性、耐大气影响、耐污浊气体以及耐碱性等都非常强。产品密度为$4kg/cm^3$，吸油量在35%以下，遮盖力不大于$15N/m^2$，颗粒细度$1\sim8\mu m$，耐光性为$7\sim8$级。

2）铬黄（俗称：铅铬黄、黄粉、巴黎黄、可龙黄、不褪黄、柠檬黄。学名：铬酸铅）

铬黄系含有铬酸铅的黄色颜料。着色力高，遮盖力强。不溶于水和油，遮盖力和耐光性随着柠檬色到红色相继增加。其铬酸铅含量（≥%）及遮盖力（N/m^2）分别为：柠檬黄5.5,8.0～9.0；浅铬黄6.5,6.0～7.0；中铬黄9.0,6.0；深铬黄9.0,5.5；桔铬黄9.0,5.0。

（3）红色系

氧化铁红（俗称：铁红、铁丹、铁朱、锈红、西红、西粉红、印度红、红土、土红。学名：三氧化二铁）有天然和人造两种。遮盖力和着色力都很大。密度为$5\sim5.25kg/cm^3$。有优越的耐光、耐高温、耐大气影响、耐污浊气体及耐碱性能，并能抵抗紫外线的侵蚀。粉粒粒径为$0.5\sim2\mu m$。耐光性为$7\sim8$级。

（4）蓝色系

1）群青（俗称：云青、佛青、石头青、深蓝系、洋蓝、优蓝）

为一种半透明鲜艳的蓝色颜料。颗粒平均约为$0.5\sim3\mu m$，密度约$2.1\sim2.35kg/cm^3$。不畏日光、风雨，能耐高热及碱，但不耐酸。

2）钴蓝（学名：铝酸钴）

系由氧化钴、磷酸钴等与氢氧化铝或氧化铝混合焙烧加工而成，为一种带绿光的蓝色颜料，主要成分是铝酸钴，耐热、耐光、耐碱、耐酸性能均好。

(5) 绿色系

铬绿：是铅铬黄和普鲁士蓝的混合物。颜色变动相当大，取决于两种组分的比例，有些品种还含有一定填充料。遮盖力强，耐气候性、耐光性、耐热性均好，但不耐酸碱。

(6) 棕色系

氧化铁棕（俗称：铁棕）：系以氧化铁红和氧化铁黑的机械混合物，有的产品还掺有少量氧化铁黄，这些组分具有大致相同的分散度，可以混合得非常均匀。该颜料为棕色粉末，不溶于水、醇及醚，仅溶于热强酸中。三氧化二铁含量约在85%以上。

(7) 紫色系

氧化铁紫（俗称：铁紫）：系以氧化铁黑经高温煅烧而得的一种紫红色粉末颜料。不溶于水、醇及醚，仅溶于热强酸中。三氧化二铁含量＞96%。

(8) 黑色素

1) 氧化铁黑（俗称：铁黑。学名：四氧化三铁）

系氧化亚铁及三氧化二铁加工而得的黑色粉末颜料。遮盖力非常高，着色力很大，但不及炭黑。对阳光和大气的作用都很稳定，耐一切碱类，但能溶于酸，并具有强烈的磁性。

2) 炭黑（俗称：墨灰、乌烟）

系由有机物质经不完全燃烧或经热分解而成的不纯产品，为轻、松而极细的无定形黑色粉末，密度为 $1.8 \sim 2.1 kg/cm^3$，不溶于水及各种溶剂。根据制造方法不同，分为用槽式法制成的槽黑（俗称硬质炭黑）及用炉式法制成的炉黑（俗称软质炭黑）两种。抹灰中常用者为炉黑一类。

(9) 金属颜料系

金粉（俗称：黄铜粉。又名：铜粉）为铜和锌合金的细粉，按铜和锌的不同比例，而制出青金色、黄金色、红金色等各种不同色调的颜料。颜色美丽鲜艳，与一般颜料不同。颗粒为平滑的鳞片状。遮盖力非常高，反光性很强。可见光线及紫外线、红外线均不能透过。质量愈高，漂浮能力也愈大。为了使金粉能不受氧化、硫化和水汽侵蚀，保持一定时期的鲜艳光泽，一般在金粉涂层以上，另加清漆或其他油漆掩盖。金粉规格以细度表示，一般为170～400目，有的产品达到1000目以上。

2. 添加剂

（1）聚醋酸乙烯乳液

聚醋酸乙烯乳液俗称白乳胶，是由44%的醋酸乙烯和4%的乙烯醇（分散剂），以及增韧剂、消泡剂、乳化剂等聚合而成，为乳白色稠厚液体，其含固量为（50±2）%，pH值为4～6。可用水兑稀，但稀释不宜超过100%，不能用10℃以下的水兑稀。乳液有效期为3～6个月。

（2）二元乳液

白色水溶液胶粘剂，性能和耐久性较好，用于高级装饰工程。

（3）木质素磺酸钙

木质素磺酸钙为棕色粉末，是造纸工业的副产品。它是混凝土常用的减水剂之一，在抹灰工程中掺入聚合物水泥砂浆中可减少用水量10%左右，并起到分散剂作用。木质素磺酸钙能使水泥水化时产生的氢氧化钙均匀分散，并有减轻氢氧化钙析出表面的趋势，在常温下施工时能有效地克服面层颜色不匀的现象。掺量为水泥用量的0.3%左右。

（4）108胶

一种新型胶粘剂，属于不含甲醛的乳液，其作用如下：

1）提高面层的强度，不致粉酥掉面；
2）增加涂层的柔韧性，减少开裂的倾向；
3）加强涂层与基层之间的粘结性能，不易爆皮剥落。

（5）HR型高效砂浆增稠粉

为浅灰色粉体，中性偏碱，pH值8～10。使用它能全部取代混合砂浆中的石灰膏，改善和提高砂浆的和易性，提高砂浆保水性，使砂浆不泌水、不分层、不沉淀。

本产品为解决砂浆稠度的一种掺合料，其参考掺量（按用砂分类）为：粗砂$0.3～0.4kg/m^3$、中砂$0.4～0.5kg/m^3$、细砂$0.5～0.6kg/m^3$、特细砂$0.6～0.8kg/m^3$。

3. 草酸（乙二酸）

草酸为无色透明晶体，有块状或粉末状。通常成二水物，比重1.653，熔点101～120℃，无水物体积密度1.9，熔点189.5℃（分解），在约157℃时升华。溶于水、乙醇和乙醚，在100g水中的溶解度为：水温20℃时，能溶解10g；水温为100℃时，能溶解120g。草酸是有毒化工原料，不能接触食物，对皮肤有一定腐蚀性，应注意保管。

草酸在抹灰工程中，主要用于水磨石地面的酸洗。

第四章 抹灰机具

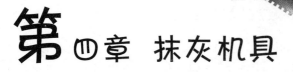

第一节 手工工具

抹灰工程施工常用手工工具，见表 4-1。

常用手工工具　　　　　　　　　　表 4-1

序号	工具名称	图示	用途
1	铁抹子		抹底层灰或水刷石、水磨石面层
2	钢皮抹子	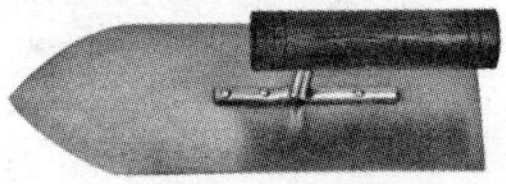	用于抹水泥砂浆面层等
3	压子		水泥砂浆面层压光和纸筋石灰、麻刀石灰罩面等
4	铁皮		小面积或铁抹子伸不进去的地方抹灰或修理，以及门窗框嵌缝等

续表

序号	工具名称	图示	用途
5	塑料抹子		纸筋石灰、麻刀石灰面层压光
6	木抹子（木蟹）	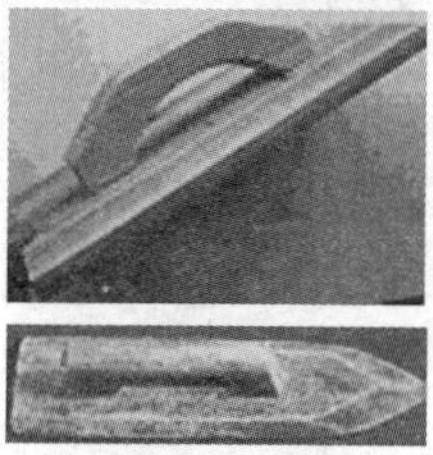	砂浆的搓平和压实
7	阴角抹子（阴角抽角器、阴角铁板）		阴角抹灰压实、压光
8	圆阴角抹子（明沟铁板）		水池等阴角抹灰及明沟压光
9	塑料阴角抹子	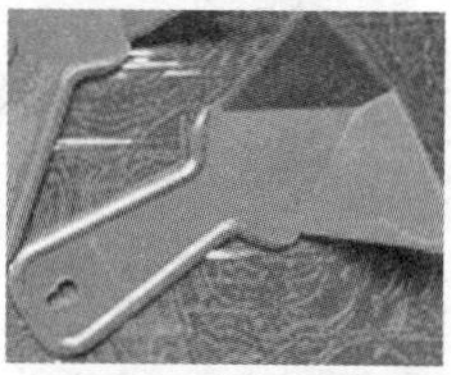	纸筋石灰、麻刀石灰面层阴角压光
10	阳角抹子（阳角抽角器、阳角铁板）		阳角抹灰压光、做护角线等
11	圆阳角抹子		防滑条抒光压实
12	抒角器	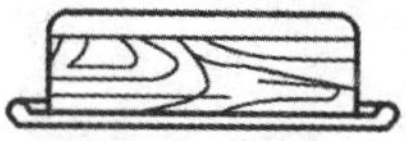	抒水泥抱角的素水泥浆，做护角等

续表

序号	工具名称	图示	用途
13	小压子（抿子）		细部抹灰压光
14	大、小鸭嘴		细部抹灰修理及局部处理等
15	托灰板	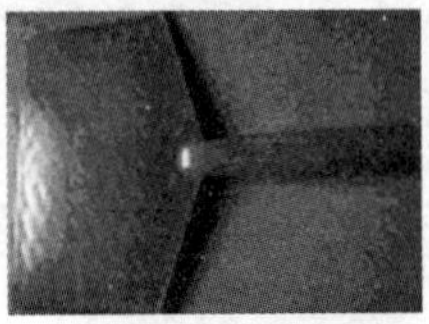	抹灰操作时承托砂浆
16	木杠（大杠）	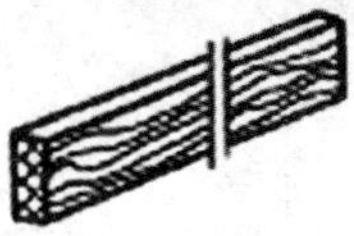	刮平地面和墙面的抹灰层
17	软刮尺	—	抹灰层找平
18	八字靠尺（引条）	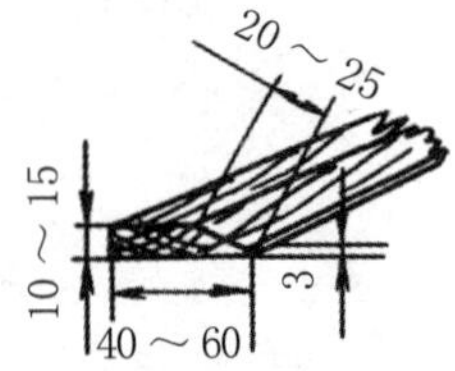	做棱角的依据
19	靠尺板		抹灰线、做棱角
20	钢筋卡子		卡紧靠尺板和八字靠尺用
21	方尺（兜尺）		测量阴阳角方正

续表

序号	工具名称	图示	用途
22	托线板（吊担尺、担子板）		靠尺垂直
23	分格条（米厘条）		墙面分格及做滴水槽
24	量尺		丈量尺寸
25	木水平尺		用于找平
26	阴角器		墙面抹灰阴角刮平找直用
27	长毛刷（软毛刷子）		室内外抹灰、洒水用
28	猪鬃刷		刷洗水刷石、拉毛灰
29	鸡腿刷		用于长毛刷刷不到的地方，如阴角等
30	钢丝刷	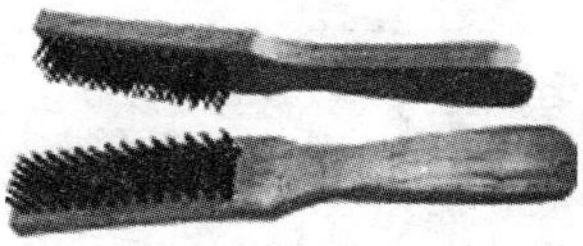	用于清刷基层

续表

序号	工具名称	图示	用途
31	茅草刷	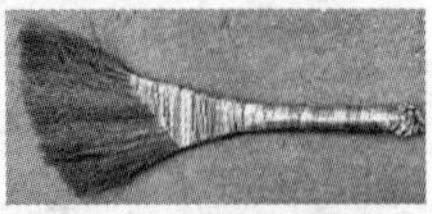	用于木抹子搓平时洒水
32	小水桶		作业场地盛水用
33	喷壶		洒水用
34	水壶		浇水用
35	铁锹（铁锨）	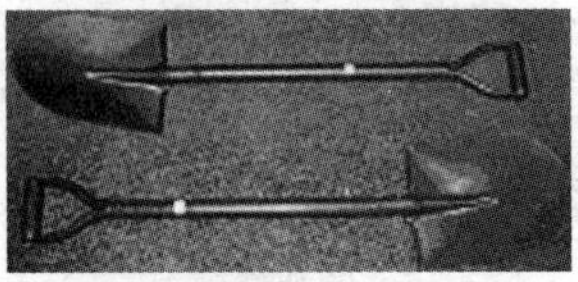	—
36	灰镐		手工拌合砂浆用
37	灰耙（拉耙）		手工拌合砂浆用
38	灰叉	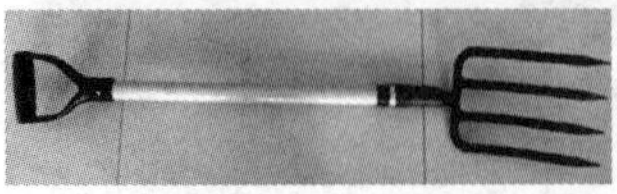	手工拌合砂浆机装砂浆用

续表

序号	工具名称	图示	用途
39	筛子		筛分砂子用
40	灰勺	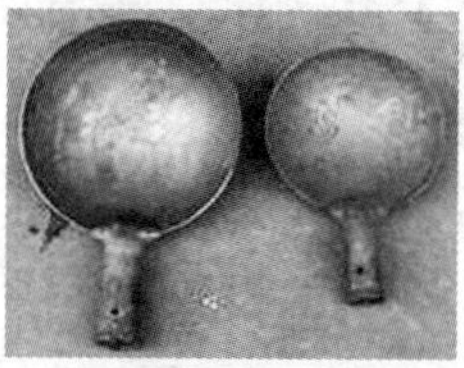	舀砂浆用
41	灰槽		储存砂浆
42	磅秤		称量砂子、石灰膏
43	运砂浆小车		运砂浆用
44	运砂手推车		运砂等材料用
45	料斗		起重机运输抹灰砂浆时的转运工具

第四章 抹灰机具

续表

序号	工具名称	图示	用途
46	粉线盒		弹水平线和分格线
47	墨斗		弹线用
48	分格器（劈缝溜子或抽筋铁板）	—	抹灰面层分格
49	滚子（滚筒）		地面压实
50	錾子、手锤	 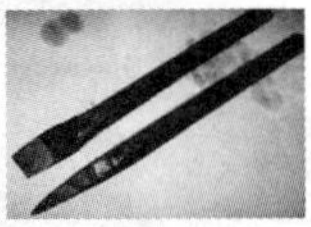	清理基层、剔凿孔眼用
51	溜子	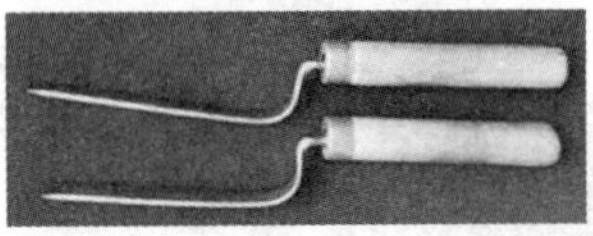	用于抹灰分格线

第二节 施工机具

1. 砂浆搅拌机

砂浆搅拌机用于搅拌各种砂浆，常见的有周期式砂浆搅拌机和连续式砂浆搅拌机,如图 4-1 所示。

图 4-1 砂浆搅拌机

2. 纤维-白灰混合磨碎机

由搅拌筒和小钢磨两部分组成,前者起粗拌作用,后者起细磨作用(图 4-2),台班产量为 $6m^3$。

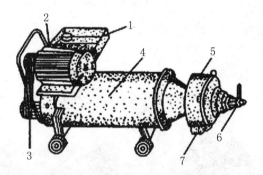

图 4-2 纤维-白灰混合磨碎机
1—进料口;2—电动机;3—V带;4—搅拌筒;5—小钢磨;6—调节螺栓;7—出料口

3. 粉碎淋灰机

粉碎淋灰机是淋制抹灰、粉刷及砌筑砂浆用的石灰膏的机具(图 4-3)。

图 4-3　淋灰机示意图

4. 混凝土搅拌机

混凝土搅拌机是搅拌混凝土、豆石混凝土、水泥石子浆和砂浆的机械（图 4-4）。抹灰施工常用的规格有：25L、400L、500L 搅拌机。

混凝土搅拌机一般要安装在施工棚内进行操作（图 4-5）。

图 4-4　混凝土搅拌机

图 4-5　混凝土搅拌机的安放

5. 喷浆机

喷浆机是用来将水溶性石灰浆喷射到房屋墙面的设备，如图4-6所示。

图 4-6 喷浆机

6. 手提式电动石材切割机

用于安装地面、墙面石材时切割花岗岩等石料板材。功率为850W，转速为11000r/min。

因该机分干、湿两种切割片，因用湿型刀片切割时需用水作冷却液，故在切割石材前，先将小塑料软管接在切割机的给水口上，双手握住机柄，通水后再按下开关，并匀速推进切割（图4-7）。

图 4-7 手提式电动石材切割机

7. 台式切割机

它是电动切割大理石等饰面板所用的机械，如图4-8所示。采用此机电动切割饰面板操作方便，速度快捷，但移动不方便。

图 4-8 台式切割机

8. 瓷片切割机

瓷片切割机用于瓷片切割、瓷板嵌件及小型水磨石、大理石、玻璃等预制嵌件的装修切割。换上砂轮，还可进行小型型材的切割，广泛用于建筑装饰工程。如图4-9所示。

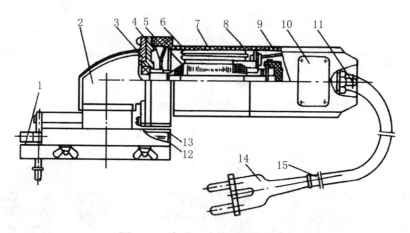

图 4-9 瓷片切割机结构示意

1—导尺；2—工作头；3—中间盖；4—风叶；5—电枢；6—电动机定子；7—机壳；8—电刷；9—手柄；10—标牌；11—电源开关；12—刀片；13—护罩；14—插头；15—电缆线

操作要求如下：

1）使用前，应先空转片刻，检查有无异常振动、气味和响声，确认正常后方可作业，否则停机检查。

2）使用过程要防止杂物、泥尘混入电动机；并随时注意机壳温度和碳刷火花等情况。

3）切割过程用力要均匀适当，推进刀片时不可施力过猛。如发生刀片卡死时，应立即停机，慢慢退出刀片，重新对正后再切割。

4）停机时，必须等刀片停止旋转后方可放下；严禁未切断电源时将机器放在地上。

5）每使用两三个月之后，应清洗一次机体内部，更换轴承内润滑脂。

g. 手动式墙地砖切割机

手动式墙地砖切割机（图 4-10）是电动工具类的补充工具，适用于薄形瓷砖的切割。

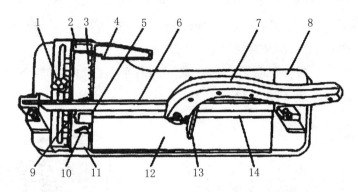

图 4-10 手动式墙地砖切割机

1—标尺蝶形调节螺母；2—可调标尺；3—凸台固定标尺；4—标尺靠山；5—塑料凹坑；6—导轨；7—手柄；8—底板；9—箭头；10—挡块；11—塑料凸台；12—橡胶板；13—手柄压脚；14—铁衬条

使用要点如下：

1）将标尺蝶形螺母拧松，移动可调标尺，让箭头所指标尺的刻度与被切落材料尺度一样，再拧紧此螺母。也可以不用可调标尺，直接由标尺上量出要切落材的尺寸。注意被切落的尺寸，不宜小于15mm，否则压脚压开困难（图4-11 和图 4-12）。

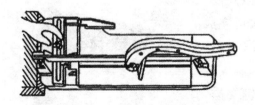

图 4-11 操作使用之一

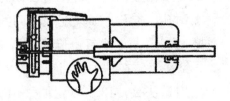

图 4-12 操作使用之二

2）将被切材料正反面部都擦净，一般情况是正面朝上，平放在底板上，让材料的一边靠紧标尺的靠山。左边顶紧塑料凸台的边缘，还要用左手按住材料。在操作时底板左端最好也找一阻挡物顶住，以免在用力时机身滑动。对表面有明显高低花纹的刻花砖，如果正面不好切的话，可以反面朝上切。

3) 提起手柄，让刀轮停放在材料右侧边缘上。为了不漏划右侧边缘，而又不使刀轮滚落，初试者可在材料右边拼放一小块同样厚度的材料（图4-13）。

4) 操作时右手要略向下压着平稳地向前推进。一定要让刀轮在材料上从右到左、一次性的、全部滚压出一条完整、连续、平直的压痕线来。然后让刀轮悬空，而让两压脚既紧靠挡块，又原地压在材料上（到此时左手仍不能松动，使压痕线与铁衬条继续重合）。最后用右手四指勾住导轨下沿缓缓握紧，直到压脚把材料压断（图4-14）。

图 4-13 操作使用之三

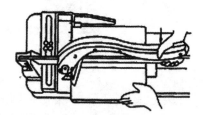

图 4-14 操作使用之四

10. 手电钻

用于在金属、塑料、木板、砖墙等各种材料上钻孔、扩孔，如果配上不同的钻头可完成打磨、抛光、拆装螺钉螺母等。如图 4-15 所示。

钻头夹装在钻头或圆锥套筒内，13mm 以下的采用钻头夹，13mm 以上的采用莫氏锥套筒。为适应不同钻削特性，有单速、双速、四速和无级调速电钻。

电钻用的钻夹头（钻库）应符合标准，开关的额定电压和额定电流不能低于电钻的额定电压和额定电流。

图 4-15 手电钻

11. 电动磨石子机

电动磨石子机是一种手持式电动工具，如图 4-16 所示。

它适用于建筑部门对各种以水泥、大理石、石子为基体的建筑物表面进行磨光。特别是对那些场地狭小、形状复杂的建筑物表面进行磨光，如盥洗设备、晒台、商店标牌等。与人工水磨相比，可以大大降低劳动强度，提高工作效率。所用电动机是单相串联交直流两用电动机，使用碗形砂轮。

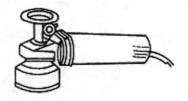

图 4-16　电动磨石子机

12. 水磨石机

水磨石机由电动机、变速机构、工作装置及行走操纵机构等部分组成，每个磨盘下呈 120°装上三块砂轮。

水磨石机按磨盘设置的数量分为：单盘旋转式（图 4-17）、双盘旋转式（图 4-18）及三盘旋转式。

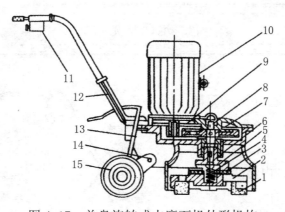

图 4-17　单盘旋转式水磨石机外形机构

1—磨石；2—砂轮座；3—夹胶帆布垫；4—弹簧；5—连接盘；6—橡胶密封；7—大齿轮；8—传动主轴；9—电动机齿轮；10—电动机；11—开关；12—扶手；13—升降齿条；14—调节架；15—走轮

第四章 抹灰机具

为了提高磨光作业的机械化程度，目前我国又设计和生产了小型侧卧式水磨石机（图4-19）。

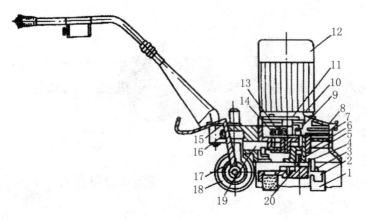
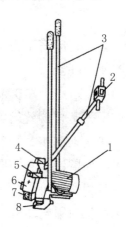

图4-18 双盘式磨石机

1—三角砂轮；2—磨石座；3—连接橡皮；4—连接盘；5—组合密封圈；6—油封；7—主轴隔圈；8—大齿轮；9—主轴；10—闷头盖；11—电动机齿轮；12—电动机；13—中间齿轮轴；14—中间齿轮；15—升降齿条；16—棘齿轴；17—调节架；18—行走轮；19—轴销；20—弹簧

图4-19 小型侧卧式水磨石机外形结构

1—电动机；2—手柄开关；3—操纵杆；4—水平支架；5—减速器；6—护板；7—磨头；8—垂直支架

单盘旋转式和双盘对转式，主要用于大面积水磨石地面的磨平、磨光作业；小型侧卧式主要用于墙裙、踢脚、楼梯踏步、浴池等小面积地面的磨平、磨光作业。

13. 地面抹光机

地面抹光机适用于水泥砂浆和混凝土路面、楼板、屋面板等表面的抹平压光。按动力源划分，有电动、内燃两种；按抹光装置划分，有单头、双头两种，后者适用范围广、抹光效率较高，如图4-20所示。

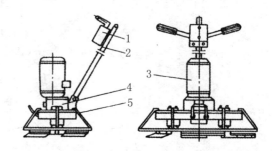

图4-20 双头地面抹光机外形结构示意

1—转换开关；2—操纵杆；3—电动机；4—减速器；5—安全罩

14. 手提式涂料搅拌器

手提式涂料搅拌器如图 4-21 所示。

1）用途：手提式涂料搅拌器用来搅拌涂料。

2）规格：手提式涂料搅拌器有气动和电动两种。

图 4-21　手提式涂料搅拌器

15. 电动弹涂器

电动弹涂器如图 4-22 所示。

电动弹涂器是装饰工程涂料弹涂施工工具。

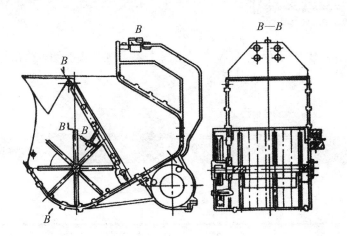

图 4-22　电动弹涂器

16. 电动吊篮

电动吊篮是高层建筑进行外装修的一种载人起重设备。按其卷扬方式的不同，可分为卷扬式和爬升式两类。卷扬式是在屋顶上安装卷扬机，下垂钢丝绳悬挂吊篮，但是钢丝绳长度常受卷筒限制。爬升式是卷扬机构装在吊篮上，屋顶上装有外伸支架，垂下钢丝绳的长度不受限制，吊篮的升降高度可以自由确定，并可由操作人员在吊篮里随时检查钢丝绳磨损情况，实现安全使用。

爬升式电动吊篮本体结构，如图4-23所示。

爬升式电动吊篮吊架结构，如图4-24所示。

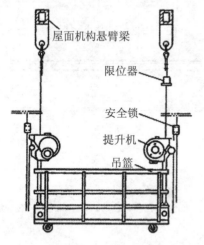
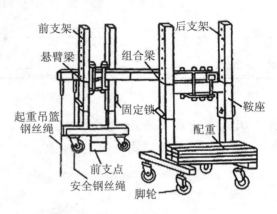

图4-23 爬升式电动吊篮本体结构　　图4-24 爬升式电动吊篮吊架结构

第三节 机具使用的注意事项

1. 电源选择

首先要了解施工现场提供的电源是直流还是交流；交流电源的频率是50Hz还是60Hz；供电电压多大；电源线及电源控制元器件容许的最大电流。了解这些内容的目的是要考虑是否与现场准备使用的电力驱动机具所要求的各项参数相符，现场电源线及控制元器件的容量能否满足用电量的负荷。如果与机具要求的电源不符或容量不够,就要请有关部门采取措施,满足使用要求后才能投入使用。

2. 了解机具电源标牌

凡电动装置机具,均在电动机部分贴有标牌,标牌上一般标注有:机具型号(TYPE);所使用的交流电源电压(V);电动机的功率(W);电动机转速(r/min);电流(A);频率(Hz)等主要参数,以供选择电源和控制元器件及线径大小。

3. 检查电源控制系统

在使用前要检查电源控制系统是否正规,即:①总电源控制系统有过载保护装置;②配电盘必须达到规定的绝缘标准;③电器元件必须与使用负荷相匹配,并为质检部门批准的合格产品;④分项接线盒是施工现场移动使用较多的电源接插处,必须有劳动管理部门认可生产的合格漏电保护器控制线路;⑤进线电源的电闸箱或配电盘及分项接线盒,要用正规电器厂家的鉴定产品,或定做的专用产品,并有明显用电标志和良好的安全防护。

电源的控制需经检查验收,符合用电标准和规定的产品,方可投入使用。

在电源有了安全使用保证的前提下,机具的操作者必须做到以下几点:

1)不得私自改动电源插头或插座:因为电动机具在标牌或说明书上注明其绝缘标准"口"符号为单绝缘保护,也就是说明220V电压的电源时必须用单项三线插头、插座,即:一线带电火线,其余二线:一线为回路零线,另一线为接地保护零线。也就是说,一旦机具发生漏电故障,接地保护零线可部分起到人身安全的保护作用。如"回"符号为双绝缘保护,机具电动机漏电,不直接漏至外壳,还有一层绝缘保护,不易电伤操作者,此种符号的机具用的是单项两线插头插座接通电源。如果将"口"单绝缘插头接地线去掉,插入两孔插座,机具漏电可能发生伤人事故。

2）电源线在现场使用，应用橡胶套线，不可用塑料套线，不要拖地，要将电源线架起挂线，不然易损坏电源线外绝缘层，发生漏电事故。

3）电动机具不可浸水或在潮湿的地方存放、作业，电动机浸水受潮易发生漏电伤人或烧坏电动机等事故。

4）电动机具接通电源前一定要检查所用电源是否符合机具标牌规定的电源要求，不符合不得使用。

5）电动机具用完后，必须切断电源，存放好，以免误伤人或引起其他事故。

6）机具接通电源时，要检查外壳是否漏电。

7）配电盘、接线盒等在室外作业应有防雨装置。

8）电器部分出现故障，必须请电工专业人员处置。

第五章 抹灰施工工艺

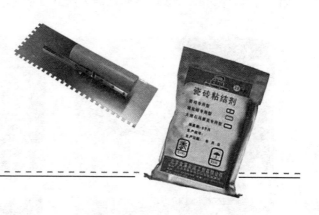

第一节 泥水抹灰前的准备工作

1）首先，承建商根据图纸和最新的规程，制定一份泥水抹灰施工程序建议书。里面要列明施工方法、收货标准以及验收程序。而且要在施工现场把泥水抹灰样板房准备好，并交给工程师审批。

承建商有责任预先检查图纸，包括泥水土、大样图，看它们是否互相配合，如发现不妥之处，需要马上通知工程师来记录，解决好后，就可以开工了。

2）材料批核：

当文件准备好后，就可以准备材料了。

承建商一般都用政府提供的自来水开工（图5-1），如果要用其他水源，则需要经过工程师审批后才可以。

拌料用的河沙（图5-2）要配适当的水泥和水一起使用。

而其他的材料，比如石膏、铁丝网、护角

图 5-1 自来水

图 5-2 河沙

第五章 抹灰施工工艺

网条、白胶浆（图 5-3）等都是需要经过工程师审核后才可以使用。

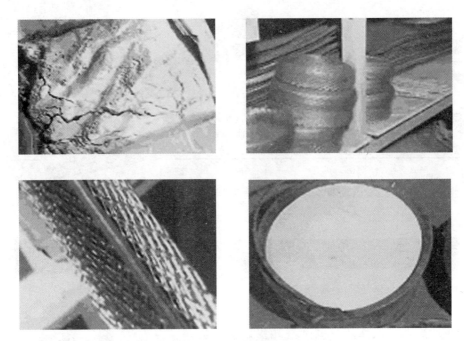

图 5-3　其他的材料

3）材料拌制：

①现场拌料。抹灰材料的现场拌制，如图 5-4 所示。

②即用抹灰材料。这种即用材料是生产厂家预先调制妥当的即用产品，比现场拌料节省了时间，而混合比例也比较准确（图 5-5）。

图 5-4　现场拌料　　　　　　　图 5-5　即用抹灰材料

即用材料要得到工程师的审批才能使用。除具备有效的施工时间、施工程序和有关的测试报告等，还要注意它的成分比例、生产程序和凝固时间。

4）材料验收和存放：

任何材料一定要有出厂合格证。抹灰材料，比如石膏，包装袋上面一定要有有效日期（图5-6），过期不能使用。

搬动时要小心，不能把袋子弄破（图5-7），否则会污染环境。

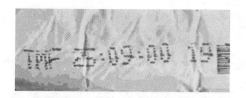

图 5-6　注明有效日期　　　　图 5-7　材料的搬运

材料要垫高摆放在有盖、干燥的地面上，并且加以适当的保护（图5-8）。

图 5-8　材料的放置

第二节 一般抹灰施工

抹灰施工顺序，通常是先外墙后内墙，外墙由上而下；先抹阳角线包括门窗角、墙角、台口线、后抹窗台和墙面；室内地坪可与外墙抹灰同步进行，或是交叉进行；室内其他抹灰是先顶棚后墙面，而后是走廊和楼梯，最后是外墙裙、明沟或散水坡。

抹灰施工前必须做好材料、机具及设备等的准备。对结构工程及其他配合工种项目，如水、电管线等进行检查，处理好抹灰的基层表面。

一般的抹灰包括初级、中级和高级的施工，其操作工序大致相同。

以墙面为例，先进行基层处理、挂线、做标志块、标金及门窗洞口做护角等，然后进行装挡、刮杠、磋平，最后做面层，也称罩面。

一般抹灰的施工工序，详见表 5-1。

一般抹灰的施工工序　　　　　表 5-1

步骤	图示及说明
基层处理	为了保证抹灰砂浆与基层牢固地结合，防止抹灰层空鼓、起壳，抹灰前必须对基层表面进行处理。要清除表面的油渍、污垢、沥青等，要堵好施工孔洞。抹灰前墙面应浇水润湿，渗湿深度以 1～2cm 为宜。
找规矩	为保证墙面抹灰的垂直平整，抹灰前必须找规矩。先用拖线板对表面的平整度和垂直度进行检查，并结合不同的抹灰类型、构造、厚度的规定，决定墙面的抹灰厚度。 首先做上部灰饼，在距顶棚 15～20cm 高度和墙的两端距阴阳角 15～20cm 处，各按已确定的抹灰厚度做一块灰饼，其大小以 5cm 见方为宜。并以这两块灰饼为基准，拉好准线。在两灰饼之间，每隔 150cm 左右，再做一块灰饼。

续表

步骤	图示及说明
找规矩	  然后再以上部灰饼为基准，用缺口板条和线锤在同一条垂直线上，做下相对应的灰饼。下面灰饼高度，应在踢脚板上部距地面20cm左右。 上下垂直方向，两块灰饼之间，一般每隔150～200cm，用同样方法应加做灰饼。所有的灰饼厚度控制在7～25mm，如果超出这个范围，就应对抹灰基层进行处理。  
冲筋	灰饼砂浆收水后，在上下两个灰饼之间，做出一个宽度为8cm左右的T形灰带，厚度与灰饼相同，作为墙面抹底子的厚度标准。 方法：在上下两灰饼中间先抹一层灰带，收水后，再抹第二遍做成梯形断面，并要比灰饼高处1cm左右。 然后用刮尺紧贴灰饼，左上右下的搓刮，直到灰带与灰饼搓平为止，同时把灰带两边修成斜面，以便与抹灰层结合牢固。   

续表

步骤	图示及说明
阴阳角找方	中级抹灰要求阳角要找方；而高级抹灰则要求阴阳角都要找方。   阳角找方的方法是：先在阳角的一侧做基线，并在准线上下两端挂灰线做灰饼。  阴角找方，必须在阴角两边都弹基线，做灰饼和冲筋，这样才能保证方正、垂直。  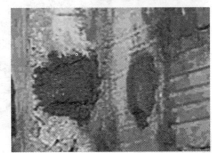
做护角线	为使墙面、柱面及门窗洞口的阳角抹灰以后线条清晰、挺直，并防止外界碰撞损坏，一般都需要做护角线。 护角线应先做，抹灰时起冲筋的作用。护角线应用1:2水泥砂浆做，其高度一般不小于2m，每侧宽度不小于50mm。 

续表

步骤	图示及说明
做护角线	做护角时,阳角首先要用方尺规方,其厚度为靠门窗框一边以框墙缝隙为准;另一边以灰饼厚度为基准。  施工前弹好准线,按准线在阳角两侧先薄抹一层宽50mm的底子灰,然后粘好八字尺,用托线吊直,用钢筋夹子稳住。  在八字尺另一面墙角面,用1:2水泥砂浆做护角线,其外角与靠尺外角平齐。抹好一边后再把八字尺移到抹好的一边,也用钢筋夹子稳住,用托线吊直,把另一面护角线抹好。 

续表

步骤	图示及说明
做护角线	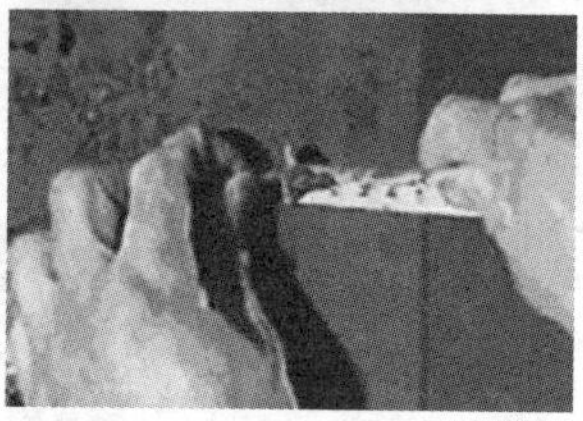 然后把八字尺轻轻取下,待水泥砂浆稍干时,用捋角器捋光压实,并捋成小圆角。 最后在墙面每一边,留出护角50mm左右,再用八字尺将多余的部分沿45°斜面切掉,以便于墙面抹灰与护角线的结合。同一高度的护角线,呈八字尺时要一次完成,以免分次成活造成明显的接茬印。

第三节 抹灰的注意事项

抹灰的注意事项,详见表5-2。

抹灰的注意事项　　　　　　表5-2

项目	图示及说明
内墙抹灰	1)底、中层抹灰: 将砂浆抹于墙面两标筋之间,这道工序称为装档,底层要低于标筋。待收水以后再进行中层抹灰,厚度以垫平标筋为准,并使其略高于标筋。

续表

项目	图示及说明
内墙抹灰	注：抹底层灰时，抹子要紧贴墙面，用力要均匀，使砂浆与墙面粘结牢固，先后抹上去的砂浆要粘结牢，铁抹子不宜在上面多溜，用目测控制其平整度。 中层砂浆抹好以后，即用中短木杠按标筋刮平。使用木杠时人站成骑马式，双手紧握木杠，用力要均匀，由下往上移动，并使木杠前进方向的一边略微翘起，手腕要活。凹陷处要补抹砂浆，然后再刮，直到平直为止。 木杠刮平以后，用木抹子搓抹一遍，使表面平整密实。一般情况下，标筋抹完，一旦收水初凝就刮。   当建筑层高低于3.2m时，一般先抹下边然后搭架后抹上边。抹上部的时候不用再做标筋，以下部为基准即可。 当建筑层高高于3.2m时，一般是从上往下抹灰，如果后做地面、墙裙和踢脚板时，要按墙裙、踢脚板准线上口5cm左右的砂浆切成直槎，墙面清理干净，并及时清理落地灰。 2）面层抹灰： 面层抹灰俗称罩面，应在底子灰稍干以后进行，底灰太湿会影响抹灰面的平整，可能出现咬色；底层太干，则容易使面层脱水太快，而影响粘结，造成面层空鼓。 纸筋石灰或麻刀石灰砂浆面层，一般应在中层砂浆6～7成干时进行，手按不软但是有指印。如底子灰过于干燥，应洒水润湿。 操作时一般使用钢皮抹子，两遍成活，厚度不大于2mm，从阴角或是阳角开始，自左向右进行，两人配合，一人先右向或横向薄薄地抹一层，使纸筋灰与中层紧密的结合，另一人横向或竖向抹第二层，并且压平溜光。压平以后可用排笔蘸水横刷一遍，使表面色泽一致，再用钢皮抹子压实抹光。 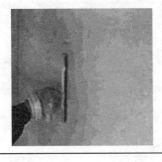 

续表

项目	图示及说明
内墙抹灰	 石灰砂浆面层一般采用1:2～1:2.5的石灰砂浆,厚度为6mm左右,应在中层砂浆5～6成干时进行。如果中层较干时,需洒水润湿以后再进行。 操作时,一般先用铁抹子抹灰,再用刮尺由下向上刮平。然后用抹子搓平,最后用铁抹子压光成活。 
外墙面抹灰	外墙抹灰要做分隔处理,以增加墙面美观,防止罩面砂浆收缩产生裂缝。 分格条应提前一天在水池中泡透,防止分格条使用的时候变形。另外,利用水分蒸发和木条的干缩性原理,有利于抹灰完毕后起出分格条。 分格条粘贴前,应按设计要求的尺寸进行排列分隔和弹墨线,弹墨线应按先竖线后横线的顺序进行。  分格条的背面用抹子抹上水泥浆以后,即可粘贴于墙面。粘贴的时候必须注意,垂直方向的分格条要粘在垂直线的左侧;水平方向的分格条要粘在水平线的下口,这样便于观察和操作。

续表

项目	图示及说明
外墙面抹灰	 粘完分格条以后要用直尺校正其平整度,并将分格条两侧用水泥浆抹成八字形斜角。水平分割条应先抹下口,如果当天抹面层灰,分格条两侧八字形斜角抹成45°。如果当天不抹面层灰的分格条两侧,要抹成60°。 底灰抹平以后,必须搓毛,以便于面层粘结牢固。罩面应在第二天底层粘结牢固以后进行。 分隔缝用水泥浆勾嵌。 
顶棚抹灰	1)顶棚抹灰的准备工作: 抹灰前按图纸或技术条件要求,准备好水泥、砂子、石灰膏、底筋、麻刀等材料,以及各种工具和机具。 顶层抹灰前应先做完上层地面和本层地面。注意突出物要踢凿平整,水暖立管通过楼板洞口处应用1:3水泥砂浆堵严。  2)基层处理: 现浇混凝土楼板应先凿毛,然后用钢丝刷子满刷一遍,再用清水冲洗干净。

续表

项目	图示及说明
顶棚抹灰	如表面太光滑，应首先进行毛化处理，即将基层表面的尘土、污垢清理干净以后，用10%的火碱水将油污刷掉，随之用清水将火碱液冲掉、晾干。 再将1:1水泥细砂浆内掺水重20%的胶水用机械喷或者使用扫帚将砂浆甩到顶棚上，要求甩点均匀，待砂浆终凝后浇水养护，直至水泥砂浆疙瘩全部粘到混凝土表面，并且有较高的强度，用手掰的时候不动为止。  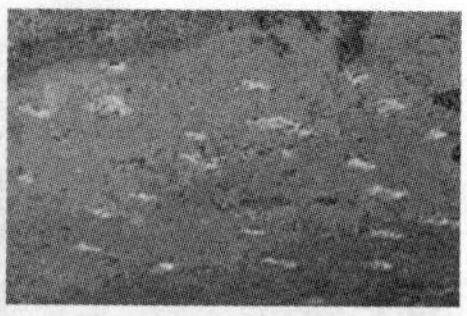   

第四节 室内抹灰工序

室内抹灰有传统抹灰和喷浆抹灰两种方法。

1. 室内传统抹灰

室内的传统抹灰，见表5-3。

室内传统抹灰　　　　表 5-3

项目	图示及说明
准备工作	1）工具准备： 铲、砂浆桶、各种抹子、水管、一个 5m 的直尺、木斗量器、鱼丝线、垂线、曲尺、拉尺水平尺、各种油扫、木抹板、海绵抹板、钉爬、灰抹子、弧形铁片、锄头、搅拌器等。 

续表

项目	图示及说明
准备工作	2）技术准备： 在施工前要检查所有的墨线是否齐全；水泥砂浆是否验收妥当。  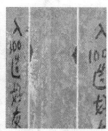  要注意天花板的接口和水泥浆块的处理。   灯箱的位置要有足够的保护，并且要清理模板油的污垢。 要凿掉墙里面螺丝孔留下的塑胶孔，要先在外墙用软木塞把螺丝孔封妥，并且要深入40mm。然后在室内用工程师审批的膨胀胶把孔位填满。   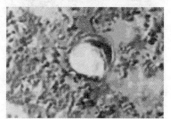  

续表

项目	图示及说明
准备工作	  等干透以后，把多余的膨胀胶刮掉，要深入墙身 20mm。 接着在内外墙的孔位浇水，然后用工程师审批的不收缩水泥把孔位填满，防止雨水由螺丝孔渗入。  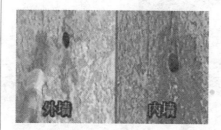  接着，要在砖墙和混凝土墙的接口位置以及在深入砖墙的水管和电线管的位置钉好铁丝网。  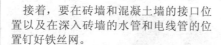   两旁都至少要覆盖 150mm，才达到标准。

续表

项目	图示及说明
准备工作	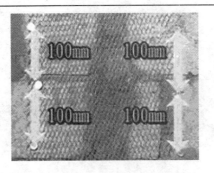 为了铁丝网不会有松脱的情况出现，围绕铁丝网的钉子不可以超过100mm的中间距离。 钉完之后要洒水，然后在铁丝网上抹一层水泥砂浆，再用抹子把它压紧。做完之后要检查是否稳固。  同时，按墨线包阳角护角网条，再按灰饼包阴角灰条。做好后要再次检查墨线，还要检查护角网条是否平直。  当检查妥当，没有问题以后，就可以按阴阳角拉线到墙身中间的灰饼，再按灰饼做灰条。灰条要由地面做到天花板，同时每条灰条中间要有1.5m的距离。 

续表

项目	图示及说明
准备工作	所有窗角要包水泥砂浆，如果碰到梁和柱头一样要包。 以上都做好以后，承建商要和工程监督人员一起进行验收，主要检查泥柱、护角网条和阴角是不是平直；灰条之间的距离是不是适中；门框有无移位和保护，窗台的包角是否水平；天花的高度是否受到限制和是否平直；灯箱的位置是否做妥保护等；检查没问题才可以通过。   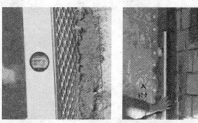     注：合格之后可以按工程师的要求，选择材料进行底层抹灰。
底层抹灰	材料分为现场拌制水泥砂浆和即用水泥砂浆两种。即用水泥砂浆一开袋就可使用。  

续表

项目	图示及说明
底层抹灰	现场拌制的水泥砂浆，搅拌的分量一定要适当。  在抹灰的过程中，墙身一定要保持湿润，施工前一天要先在墙身浇水，施工当天要再浇一次水。 要用保护垫板把地面垫好，掉下来的抹灰面料还可以再用，并且可以保持场地清洁。  首先，把1份水泥和3份砂混合，干拌至少两次，然后再加入水，湿拌至少两次。拌好的水泥砂浆最长可以使用1个小时。 如果工程要求使用白胶浆来加强抹灰的粘结力，要先把它涂在墙身上，然后再按生产商检验要求的时间，或在水泥砂浆的时效时间之内抹好水泥砂浆（每一层水泥砂浆不能超过10mm）。 

续表

项目	图示及说明
底层抹灰	然后，用直尺按泥条把底层抹灰刮平。要记得把预留的灯箱等位置做妥。 尤其注意，最后把工地清理干净，墙角、阴阳角、门框以及窗框等位置都需清理。 做完以上工序，底层抹灰就做好了。
室内水泥打底联合验收	室内墙身联合验收（承建商和工程监理要联合验收）程序如下： 用 1.5m 的直尺和水平尺来检查墙身、墙角、墙顶、阳角、阴角以及窗边的墙角，要确保平直。

续表

项目	图示及说明
室内水泥打底联合验收	窗顶和门口位的梁要对水平。 用验收棒检查墙身和窗顶的天花，是否有裂缝和鼓包。 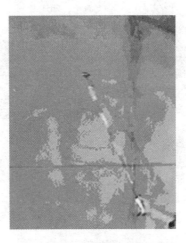 再用曲尺板检查墙身由墙底到墙顶的阳角、阴角，以及窗边墙角和窗顶的天花是否符合曲尺。  室内天花联合验收程序如下： 检查天花的墨线是否齐全；用拉尺按天花墨线来检查天花混凝土是否符合面层抹灰；检查天花混凝土表面是否符合规格，没有模板碎屑和油垢。 总而言之，所有的联合验收都要合格才可以进行面层抹灰。如有不妥之处一定要修补妥当才可进行面层抹灰。
室内面层抹灰	面层抹灰的材料，需要按工程的需要来决定，常用的有现场搅拌的灰膏和石膏，或者是即用灰。 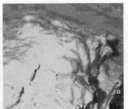

续表

项目	图示及说明
室内面层抹灰	如果是准备做灰膏面层，则需要7天的养护期；如果是准备做石膏面层，则需要20天的养护期。 如果使用灰膏抹灰，则需要先化灰，用水泡石灰的表面，至少泡7天，才能令石灰全部化透。 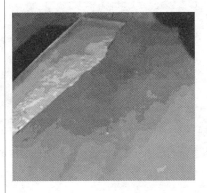 在化灰的过程中，要用板盖住化灰槽，不能让杂物掉进化灰槽（并且在板盖上注明发灰日期）。 室内面层抹灰，如果当天能够完成，那么一定要先做天花，然后做墙身。 1）室内天花抹灰： 室内天花可以用即用石灰膏抹灰、喷浆抹灰和纸筋灰抹灰。 即用石灰膏和纸筋灰除了材料不同外，抹灰的做法是相同的。 纸筋灰的分量是：水泥加砂要按1∶10比例混合，再加占总重量3%～5%干纸筋。其中纸筋有干纸筋、湿纸筋等。

续表

项目	图示及说明
室内面层抹灰	  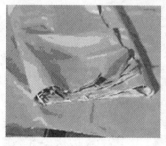  如果用干纸筋，则需要先把它打至散开为止。搅拌的程序是先给干纸筋加水，然后用搅拌器均匀地搅拌，再倒入装有石灰的灰槽里进行搅拌，最后把水泥倒进去，再进行搅拌即可。    注：搅拌好的材料不能放置超过两小时。 在做天花抹灰之前，要先在前一天浇水，在抹灰当天再浇一次水即可。  

续表

项目	图示及说明
室内面层抹灰	之后,就可以按天花的墨线与天花阴角大约1.5m的中间到中间距离的灰饼做好,按灰饼全面做好灰条,然后再用直尺刮平。  用抹子刮平需要抹天花的接口位置。 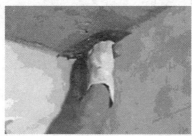 接着做全面的面层抹灰,厚度大约是3~5mm。再用直尺刮平,用抹子刮妥天花灰角的阴线。  等第一层适当地收缩了,可以全面地做面层薄抹灰,再用直尺刮平,用抹子刮补妥当。等面层收缩适当以后,就可以做第一轮光面。 先光天花阴角,再全面按光线做第一轮光面。 当天花第一遍光面结束后,就可以抹墙身了。 2)墙身抹灰: 墙身面层的准备工序和天花的准备工序是一样的,都需要浇两遍水,保持墙身的湿润。抹灰的分量:水泥和石灰要按1:10混合。有效时间不能超过2h,抹灰的厚度是2~3mm。

续表

项目	图示及说明
室内面层抹灰	   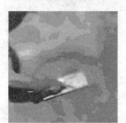首先，用铲子铲掉墙身的泥屑。然后在上面先抹墙角，接着用抹子全面抹墙身。 之后，马上用直尺通直墙身阴角、墙面、窗边以及窗顶位置。      再用抹子来修补，用直尺通直墙身。之后进行墙面的第一层光面。记住抹子要横着用，这样可以防止起波浪。  这时，天花灰面会有适当的收缩，才可以做第二层光面或第三层光面，直到符合工程师的样板要求。

续表

项目	图示及说明
室内面层抹灰	之后就可以抹下面，工序和上面差不多，不过一定要记住用直尺通直墙角。   接着要把灯箱位置、门框以及窗边位置修妥。 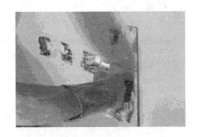  再把门框清洗好，一样要等灰面有适当收缩，才可以做第二轮光面。用阴角抹子拉阴角，做第三轮光面，直到符合工程师的样板要求。  
石膏面层抹灰	做石膏面层的抹灰，要把水加入石膏里面，用搅拌器拌成糊状。  

续表

项目	图示及说明
石膏面层抹灰	因为石膏粉比较细、密度比较高，所以要分开两层当天完成才可以。 第一层是用来抹、填塞墙上的小孔；第二层是用来抹光面的，减少鼓包的情况。（有效时间是在1个小时之内）等到灰有适当的干湿度，才可以做2～3次光面，直到符合标准规格为止。 

2. 室内喷浆抹灰

室内喷浆抹灰，详见表5-4。

室内喷浆抹灰　　　　　　　　　　　　　表5-4

项目	图示及说明
准备工作	工具：灰桶、铲子、空气压缩机、压缩空气管、喷浆机、喷浆管、搅拌器、桶、600～800mm长的不锈钢刮刀、1.5m长的直尺、水磨板、H形铝质尺以及各种抹子等。   

续表

项目	图示及说明
准备工作	      一般的喷浆抹灰是不需要做面层抹灰的,不过在做喷浆抹灰之前,要预先把建议书和测试报告交给工程师审核,直到得到工程师的审批之后才可以开工。 
天花喷浆抹灰工序	在拆掉模板 28 天后才可以做喷浆抹灰,另外还需要检查水压和电压是否足够供应喷浆机和搅拌器使用。要按照生产商的指示把所有机器调校准确。并且要记住,用胶纸把门框包妥,再把灯箱位置封妥,以防渗浆。 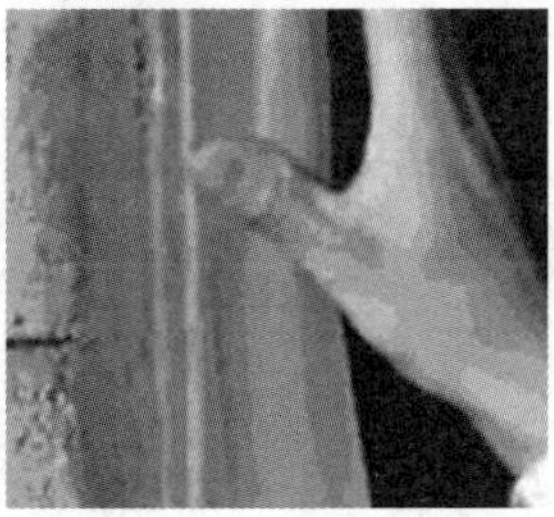 

续表

项目	图示及说明
天花喷浆抹灰工序	 天花喷浆时,要在前一天喷水,抹灰当天就不用再浇水了。 要按生产商指定的混合比例给喷浆材料加水,然后用电动搅拌器均匀地搅拌。注意要先给喷浆管灌水,使其湿润。 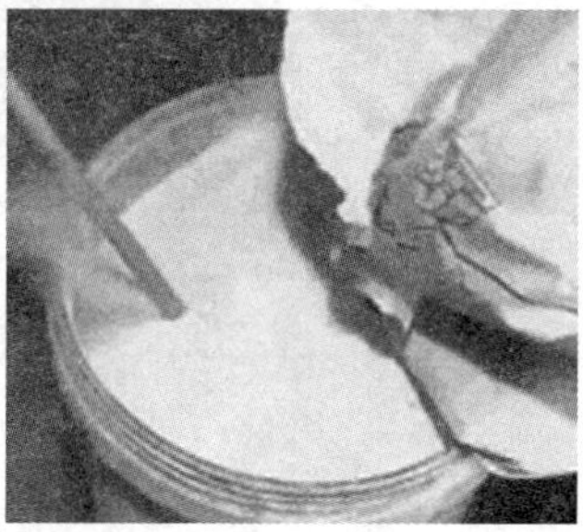   然后可以把拌好的浆料倒进喷浆机里,这时要认真检查喷浆机是否按生产商的指示调校妥当了。 喷浆时,用保护木板把墙面遮挡起来,否则容易将墙面弄脏。 注:总厚度约为5mm,先喷3mm。   喷完后,马上用600~800mm长的不锈钢刮刀把抹灰刮平。

续表

项目	图示及说明
天花喷浆抹灰工序	 等这一层有八九成干就可以喷第二层，喷完之后马上用刮刀把它刮平。当这一层差不多干了可以用刮刀光面，直到平整为止。  做好后不需要进行浇水养护，但是使用的工具在使用完后要好好地保养，马上清洗干净。 为了不让喷浆物料堵塞管子，喷浆管清洗方法如下：  →  → →
墙身喷浆抹灰工序	墙身喷浆也要在前一天喷水，如果抹灰当天天气太干燥要先多浇一次水。准备工作和天花喷浆的工作一样，门窗、灯箱的位置要有足够的保护。 

续表

项目	图示及说明
墙身喷浆抹灰工序	喷浆时要用保护木板将天花遮挡好，在进行墙身喷浆时，每一次每一层不能超过 15mm 的厚度。   喷完以后要马上用 1.2m 到 1.8m 长的铝直尺来平整墙身，用抹子来填补墙面，接着再用大约 1.5m 长的传统直尺和灰条刮平。  对于较小的地方，比如窗边可以用抹子直接将浆料抹上即可。    喷完后可以用铝直尺由墙顶直到墙底通直，再用直尺来检查墙顶或墙角是否平直。

续表

项目	图示及说明
墙身喷浆抹灰工序	当面子抹灰有八九成干就可以用海绵水磨板来吸水磨面，然后用光面抹子做光面。 注：做光面需要等到墙身感觉到了收缩以后才可以，做光1~2次，直到满足要求即可。 喷浆的厚度是有限制的，做光面当天的总厚度不可以超过15mm；毛面抹灰当天的总厚度不可以超过20mm。 做完以后要清理场地，同时清洗干净用完的工具。 
室内面层联合验收程序	墙身面层抹灰的验收程序和室内水泥打底的验收程序差不多。 用直尺检查天花的阴角，确保平直；用验收棒来检查有没有裂缝和鼓包，方法跟一般的墙身一样。验收合格的光面可以做下面的工程，毛面可以做铺瓷砖的工程。 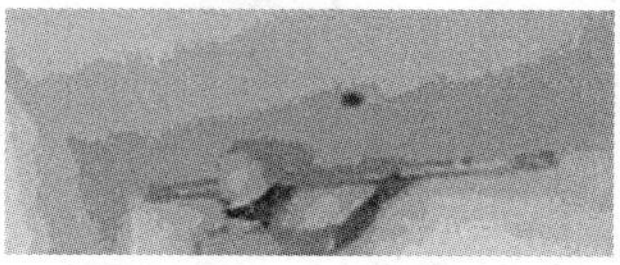 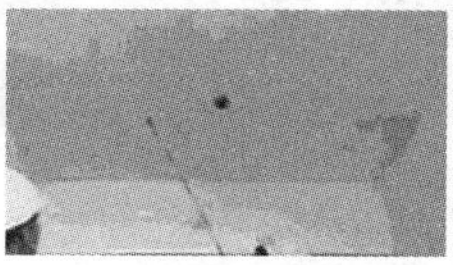 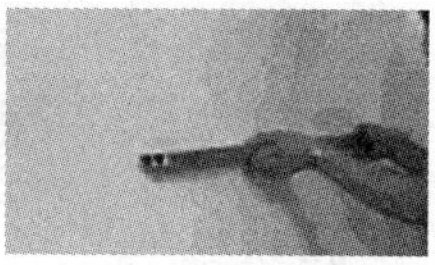

第五节 外墙抹灰工序

外墙抹灰工序，详见表5-5。

外墙抹灰工序　　　　　　　　　　　表5-5

项目	图示及说明
外墙混凝土打底抹灰	其准备工作，和内墙抹灰基本相同的，首先要有齐备的墨线，水泥砂浆要验收妥当才行。 个人的安全装备和外墙竹棚要符合安全规格，另外要检查清楚混凝土墙里面的螺丝孔有没有最后塞好。

续表

项目	图示及说明
外墙混凝土打底抹灰	 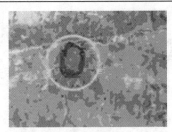 另外要按墨线的指示，拉线做阳角泥柱，要用抹子和直尺把阳角压平。   接着阴角要按照墨线的指示把泥饼做好，然后用直尺按泥饼全面地做好灰条。    按照阴阳角泥柱拉线做好泥饼，然后用直尺按泥饼做好泥柱，泥柱间的距离约1.2～1.5m。   

续表

项目	图示及说明
外墙混凝土打底抹灰	然后按墨线包窗台和空调机台，按照已经拉好的鱼丝线在抹好窗台线后再用直尺刮平。 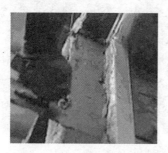  接着用模板把已经做好的窗台线固定好，再把它撑住即可。   之后要做窗台线面抹灰，要有足够坡度，不然水会渗漏。 完成以后，承建商和工程监理要来验收，检查泥柱是否垂直，其中墙中间的泥柱要按阴阳角泥柱拉线来检查是否平直；窗台线的尺寸是否符合规格；窗台面坡度是否合格；验收通过才可以开始抹灰。   抹灰前一天要先在墙身浇水，抹灰当天再浇一遍水。水泥和砂按1：3分量混合。注意，拌好的材料要在一个小时内使用。 抹灰之前，要在外墙按规格先涂一层白胶浆，记住要在生产商指定的时间之内完成底层抹灰工序。抹灰总厚度如果不超过20mm，则可以分开两层一天内完成，每一层的厚度都不能超过10mm。通常上午做底层，下午做面层。

项目	图示及说明
外墙混凝土打底抹灰	 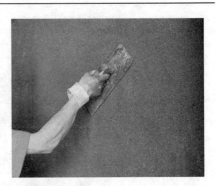 面层抹灰做好后，要用直尺把多余的水泥浆刮掉，然后再用抹子填补空隙，直到平直为止。 当墙身抹灰完成以后，要按灰条来预留伸缩缝，用直尺来决定位置。     要用抹子在上面、下面分别切断水泥砂浆，然后用弧形铁片把水泥砂浆刮掉。   同时在拉竹棚的二分圆铁位置切掉约 50mm×50mm 面积的水泥砂浆，等以后拆掉竹棚后，要把切掉的水泥砂浆补上。 注：如果不是当天做内层抹灰，而是在以后做的话，那就要记住在底层抹灰以后要划花。

续表

项目	图示及说明
外墙混凝土打底抹灰	  在面层抹灰的那天，要先向墙浇水。至于窗台面，要分两层一天内完成的话，要先清洗并涂上一层白胶浆。要先把底层抹好，等到八九成干时，就可以做面层抹灰。   要用直尺按坡度刮平。   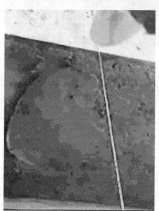  空调机台面，要做斜面抹灰，而窗台底层也要分两层一天内完成。

续表

项目	图示及说明
外墙混凝土打底抹灰	还要注意空调机台面和窗台线面要有足够的坡度，窗的顶部要有滴水线。 要按照工程师的样板，把抹灰表面刮平，等抹灰表面干透以后再浇水来做养护。 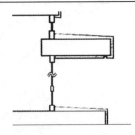 7天的养护期之后，承建商和工程监理会一起来验收。验收项目主要有：检查窗台的坡度；用直尺按灰条检查墙身是否平直以及有没有裂缝和鼓包；用水平线检查伸缩缝。  
外墙油漆面层抹灰	抹灰之前的准备工作跟外墙混凝土打底差不多，要按硬灰条全面把软灰条做妥，来做底层抹灰的基准。 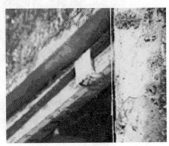

续表

项目	图示及说明
外墙油漆面层抹灰	之后再全面做底层抹灰，然后要用直尺刮平，还要用抹子把窗线的阴角修妥，再用钉耙以波浪方式横扫，把底层抹灰划花。  等水泥打底收缩了，就可以把多余的泥屑刮掉，并且按墙身的墨线把水泥打底刮掉，来预留做伸缩缝。 在做面层抹灰的当天，要对墙身进行浇水，再按灰条全面把软灰条做妥，来做面层抹灰的基准。 接着，再全面做面层抹灰，之后要用直尺按软灰条全面地把面层刮平。等面层适当收缩以后，就可以准备做油漆抹灰。  一般分为毛面、半毛面和光面。 1）毛面抹灰工序： 首先，向墙面浇水，然后用海绵磨板磨到起浆，再用海绵磨板上下拉顺，把纹路刮平。直到符合工程师的样板要求为止。 

续表

项目	图示及说明
外墙油漆面层抹灰	然后要把顶部整齐切掉，方便将来做上层抹灰。 不但要沿窗边把抹灰挖槽，方便打胶；  还要在窗顶线把抹灰挖槽，来做滴水线。 其余工作与外墙打底差不多。 2）半毛面抹灰工序： 当用海绵抹板抹到起浆之后，就可以用木抹板上下拉顺，把纹路刮平。直到符合工程师的样板要求为止。  　3）光面抹灰工序： 和半毛面抹灰差不多，不过当用木抹板抹到起浆之后，要再用抹子做全面的第一遍光面。等抹灰表面适当收缩，可以做第二轮光面或者第三轮光面，总之直到符合工程师的样板要求才可以。

第六节 楼、地面抹灰的操作方法

常见的水泥地面包括水泥砂浆、细石混凝土等地面。做水泥地面面层时，首先应做好屋面防水层或防雨措施，或房屋上层地面找平层已做好，或在不至于后道工序会损坏或污染地面的情况下进行。

楼、地面抹灰的操作方法详见表5-6。

楼、地面抹灰　　　　　　　　　表5-6

项目	图示及说明
准备工作	地面与楼面抹灰前，应先将基层清理干净，并且浇水润湿，抹灰时先刷水灰比为0.4～0.5的水泥灰一遍，并随刷随铺抹水泥砂浆。  凡有地漏的房间，应先找好泛水坡度。　　　地面面层施工前，应根据墙面正50cm水平线进行找平、找方工作。  面层施工时，根据四周墙上弹好的地面标高、控制线做标志块和标筋。 水泥地面在面层铺设后，均应在常温下养护，一般不少于15天。最好是铺上锯末再浇水养护，浇水的时候应用喷壶洒水，保持锯末润湿即可。
水泥砂浆地面	水泥砂浆配合比为1:(2～2.5)，其稠度不大于3.5cm。 水泥砂浆地面面层应在刷水泥砂浆结合层后，紧接着进行铺抹。如果基层刷水泥浆结合层过早，铺抹面层时水泥浆已结硬，这样就会造成地面空鼓。

续表

项目	图示及说明
水泥砂浆地面	地面面层铺抹方法,是在标筋之间铺砂浆,随铺随用木抹子拍实。以标筋为准用木刮杠刮平。刮好之后用木抹子搓平,再用钢皮抹子压头遍,这一遍要求压得轻一些,但是要把脚印压平。  待水泥砂浆开始初凝,人踩上去虽然有脚印但是不至于下陷时,开始用钢皮抹子压第二遍。第二遍要求把死坑、砂眼全部压平,不得漏压。 待水泥砂浆进一步凝固,踩上去稍有脚印,抹时不再有抹纹时,开始抹压第三遍。第三遍力度要稍大一些,并把地面压实、压光,要在终凝前完成。如采用地面压光机压光,在压第二、三遍时,砂浆的干硬度比手工压光应该稍干一些。 水泥地面三遍压光非常重要,要按照要求,并且根据砂浆的凝固情况进行选择。适当时间进行分次压光,才能保证工程质量。 
细豆石混凝土地面	配合比为水泥:砂子:细石=1:2:3(体积比)。 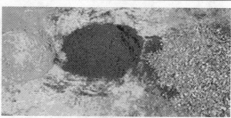 用刮杠将铺贴于两标筋间的细石混凝土按标筋厚度刮平、拍实以后,待稍收水用钢皮抹子预压一遍。要求抹子放平、握稳。将细石的棱角压平,使地面平整,无石子显露现象。 

续表

项目	图示及说明
细豆石混凝土地面	  待进一步收水，即用铁滚筒纵横滚压，直到表面泛浆。泛上的浆水如呈均匀的细丝头，表明已滚压密实，可进行压光工作，否则仍需继续碾压。 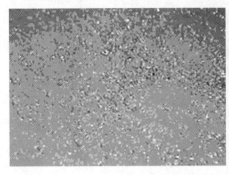   注：必须在水泥初凝前完成抹平工作，终凝前完成压光工作。如果在终凝后再做抹压工作，则水泥凝胶体的凝结结构会遭到破坏，甚至造成大面积的空鼓，很难再进行闭合弥补。这不仅会影响强度的增长，也容易引起面层起灰、脱皮、裂缝等一些缺陷。 第三遍抹压 24 小时后，要满铺湿锯末养护，每天浇水两遍润湿。至少养护 7 天后，才可以上人行走。

第七节 楼梯踏步抹灰操作方法

楼梯踏步抹灰操作方法，见表 5-7。

楼梯踏步抹灰操作方法　　　　　　　　　表 5-7

项目	图示及说明
准备工作	楼梯抹灰前，除了清理、刷净踏步栏板以外，还应将钢和木栏杆、扶手等预埋部分用细石混凝土灌实。 楼梯踏步在结构施工时的尺寸必然有些误差，为保证楼梯踏步尺寸的准确，必须在抹灰前放线纠正。　　根据平台标高和楼面标高，在楼梯侧面墙上和栏板上先弹一道踏级分步标准斜线。    抹面操作的时候，要是踏步的阳角在斜线上，也要找。注意每个踏级的级高和宽度的尺寸一致。　　对于不靠墙的独立楼梯，无法弹线时，应左右上下拉小线操作，以保证踏步板、踏脚板的尺寸一致。  
施工方法	　　首先，清理基层表面并浇水润湿，刷水泥浆。

续表

项目	图示及说明
施工方法	随即抹1:3水泥砂浆底子灰，厚度为10～15mm。先抹立面，再抹平面，一级一级由上往下做。抹立面的时候，八字靠尺压在踏脚板上，按尺寸留出灰头，使踏脚板的尺寸一致。依着八字靠尺上灰，用木抹子搓平。做出棱角，把底子灰划糙，第二天再罩面。    罩面时用1:2水泥砂浆，厚度为8～10mm，压好八字尺。根据砂浆收水的干燥程度，可以连做几个台阶，再反上去，借助八字靠尺，用木抹子搓平，钢片抹子压光。   阴阳角处用阴阳抹子捋光。 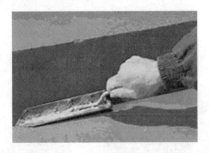  完活24小时，开始洒水养护，没有达到要求强度的，严禁上人。 踏步板设有防滑条时，在罩面过程中应距踏步口40mm处，用素水泥浆粘上宽20mm、厚7mm的4T形的分格条。  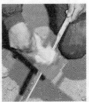 

续表

项目	图示及说明
施工方法	抹面时使罩面灰与分格条抹平，当罩面灰压光以后，取出分格条。  然后在槽内填抹1:1.5水泥金刚砂砂浆，高出踏步面3～4mm，用圆阳角抹子压实、捋光。  也可用刻槽直板，把防滑条位置的灰挖掉，取代粘分格条的工序。  

第八节 抹灰工程的安全技术措施

1）脚手架未经验收不准使用，验收后不得随意拆除及自搭飞跳。使用期间要指定专人维护、保养，发现有变形、倾斜、摇晃等情况，应及时加固处理（图5-9）。

2）层高3.6m以下的抹灰架子由抹灰工自己搭设，使用前应检查确定牢固可靠，方可上架操作。

图5-9 脚手架的搭设

3）机电设备应有固定专人，并经培训后方能操作。操作人员应穿高筒绝缘鞋，戴绝缘手套，电缆线应架空绑牢或由专人牵线，电动机具设备应接零，经试运转证明正常后方可操作使用。

4）凡不经常进行高空作业的人员，在进行高空作业前要经过体格检查，经医生检查证明合格后，方可作业。高血压、心脏病、癫痫病等均不能从事高空作业。

5）操作时精神要集中，不准嬉笑、打闹，严禁从窗口、阳台边等向外抛掷东西或倒灰渣，不准乘吊车上下。

6）高空作业中，如遇恶劣天气或风力五级以上影响安全时，应停止施工。大风、大雨以后要进行检查，检查架子有无问题，发现问题时应及时处理，处理后才能继续使用。

第六章 装饰抹灰

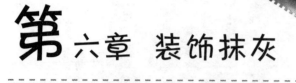

第一节 墙面水刷石施工

1. 材料要求

1）水泥：32.5级及其以上矿渣水泥或普通硅酸盐水泥，颜色一致，应采用同批产品。

2）砂：中砂。使用前应过5mm孔径的筛子。

3）石渣：颗粒坚实，不得含有黏土及其他有机物等有害物质。石渣规格应符合规范要求，级配应符合设计要求，中八厘为6mm，小八厘为4mm。使用前应用水洗净，按规定、颜色不同分堆晾干、堆放，苫布盖好待用。要求同品种石渣颜色一致，宜一次将货备齐。

4）小豆石：粒径以5～8mm为宜，含泥量不大于1%，用前过二遍筛，用水冲净备用。

5）石灰膏：使用前一个月将生石灰过3mm筛子淋成石灰膏，用时灰膏内不含有未熟化的颗粒及其他杂质。

6）生石灰粉：使用前一周用水将其焖透使其充分熟化，使用时不得含有未熟化的颗粒。

7）其他材料：108胶、YJ302界面处理剂、粉煤灰等。

8) 颜料：应用耐碱性和耐光性好的矿物质颜料。

2. 主要用具

1) 主要机具：砂浆搅拌机、手压泵 2～3 台（根据刷石量多少及施工人员数量决定）。

2) 主要工具：木抹子、大杠、小杠、靠尺、方尺、钢板抹子、小压子、浆壶、大（小）水桶、软（硬）毛刷子、筷子笔、分格条等。抹灰工一般常用工具如小车、灰勺、小灰桶、铁板等。

3. 作业条件

1) 结构工程已经验收合格。

2) 按施工要求准备好双排外架子或吊篮、桥式架子。架子的立杆应离开墙面 20cm 以保证操作。墙上最好不留脚手眼，防止二次修补，造成墙面有花感。

3) 外墙预留孔洞及预埋管等处理完毕。外墙空腔防水做完，并经淋水试验无渗漏，检验合格。门窗框安装固定好，并用 1:3 水泥砂浆将缝隙堵塞严实。

4) 墙面清理干净，墙面上凸起的混凝土应剔平。凹处用 1:3 水泥砂浆分层补平。

5) 水刷石大面积施工前应先做样板，确定配合比和施工工艺，责成专人统一配料，并把好配合比关。

4. 施工工艺

（1）工艺流程

门窗口四周堵缝、预制混凝土外墙板空腔板缝的处理→墙面清理→浇水湿润墙面、墙板→吊垂直、套方找规矩、抹灰饼、冲筋→分层抹底层砂浆→弹线→粘分格条、滴水条→袜石渣浆→反复揉压冲刷拍实→铁抹子压光、压实→用手压泵冲刷石→铺浆壶自上而下冲洗→起分格条、滴水条→冰泥膏匀缝。

(2) 混凝土基层操作工艺

1) 基层处理：将混凝土表面凿毛，板面酥皮剔净，用钢丝刷将粉尘刷掉，清水冲洗干净，浇水湿润；或用10%火碱水将混凝土表面的油污及污垢刷净，并用清水冲洗晾干，喷或甩1:1掺用水量20%的108胶水泥细砂浆一道。终凝后浇水养护，直至砂浆与混凝土板粘牢（用手掰砂浆不掉落），方可进行打底；或采用YJ302混凝土界面处理剂对基层进行处理，其操作方法有两种：第一种，在清洗干净的混凝土基体上，涂刷"处理剂"一道，随即紧跟着抹水泥砂浆，要求抹灰时处理剂不能干；第二种，刷完处理剂后撒一层粒径为2～3mm的砂子，以增加混凝土表面的粗糙度，待其干硬后再进行打底。

2) 吊垂直、套方找规矩：若建筑物为多层，应用特制的大线坠从顶层往下吊垂直，绷紧铁丝后，按铁丝的垂直要求在大角、门窗洞口两侧等分层抹灰饼。若为高层时，应在大角、门窗洞口等垂直方向用经纬仪打垂直线，并按线分层抹灰饼找规矩（图6-1），使横竖方向达到平整一致。

图6-1 找规矩

3) 抹底层砂浆：按以上所抹的灰饼标高充筋，先刷一道掺用水量10%的108胶水泥浆，随即紧跟着分层分遍抹底层砂浆，常温打底配合比可选用1:1:6（混合砂浆）或1:0.5:0.5:6（粉煤灰混合砂浆），打底灰及时用大杠横竖刮平，并用木抹子搓毛。终凝后浇水养护。

4) 弹线分格、粘分格条、滴水条：按图纸尺寸分格弹线、粘条，分格条上皮要做到平整，线条横平竖直交圈对口。在规范规定的部位设置滴水条。

5) 抹水泥石渣浆面层：刮一道内掺10%的108胶水泥浆，紧跟着抹

1:0.5:3（水泥：石灰膏：小八厘）石渣浆，从下而上分两遍与分格条抹平，并及时用小杠检查其平整度（抹石渣层要高于分格条1mm），然后将石渣层压平、压实。

6）修整、喷刷：将已抹好的石渣面层拍平压实，将其内水泥浆挤出，用水刷蘸水将水泥浆刷去，重新压实溜光，反复进行3～4遍，待面层开始初凝，指捺无痕，用水刷子刷不掉石粒为度。一人用刷子蘸水刷去水泥浆，一人紧跟着用手压泵的喷头由上往下喷水冲洗，喷头一般距墙面10～20cm，把表面水泥浆冲洗干净露出石渣后，最后用小水壶浇水将石渣表面冲净。待墙面水分控干后，起出分格条，并及时用水泥膏勾缝。

7）操作程序：门窗碹脸、窗台、阳台、雨罩等部位做水刷石应先做小面，后做大面，以保证大面的清洁美观。喷刷阳角部位时，喷头应从外往里喷洗，最后用小水壶浇水冲净。檐口、窗台碹脸、阳台、雨罩等底面应做滴水槽，上宽7mm、下宽10mm、深10mm、距外皮不少于30mm。大面积墙面做水刷石如一天完不成，次日继续施工冲刷新活前，应将头天做的刷石用水淋透，以便喷刷时粘上水泥浆后便于清洗，防止污染墙面。接茬应留在分格缝上。

(3) 砖墙基层操作工艺

1）基层处理：抹灰前将基层上的尘土、污垢清扫干净，堵脚手眼，浇水湿润。

2）吊垂直、套方找规矩：从顶层开始用特制线坠，绷铁丝吊直，然后分层抹灰饼，在阴阳角、窗口两侧、柱、垛等处均应吊线找直，绷铁丝，抹好灰饼，并充筋。

3）抹底层砂浆：常温时采用1:0.5:4混合砂浆或1:0.3:0.2:4粉煤灰混合砂浆打底，抹灰时以充筋为准控制抹灰的厚度，应分层分遍装档，直至与筋抹平。要求抹头遍灰时用力抹，将砂浆挤入砖缝中使其粘结实固，表面找平搓毛，终凝后浇水养护。

4）弹线、分格、粘分格条、滴水条：按图纸尺寸弹线分格，粘分格条，分格条要横平竖直交圈，滴水条应按规范和图纸要求部位粘贴，并应顺直。

5）抹水泥石渣浆：先刮一道掺用水量10%的108胶水泥素浆，随即抹1:0.5:3水泥石渣浆，抹时应由下至上一次抹到分格条的厚度，并用靠尺随抹随找平，凸凹处及时处理，找平后压实、压平、拍平至石渣大面朝上为止。

6）修整、喷刷：将已抹好的石渣面层拍平压实，将其内水泥浆挤出，用水刷蘸水将水泥浆刷去，重新压实溜光，反复进行3～4遍，待面层开始初凝，指捺无痕，用刷子刷不掉石渣为度，一人用刷子蘸水刷去水泥浆，一人紧跟着用手压泵喷头由上往下顺序喷水刷洗，喷头一般距墙10～20cm，把表面水泥浆冲洗干净露出石渣，最后用小水壶浇水将石渣冲净，待墙面水分控干后，起出分格条，并及时用水泥膏勾缝。

（4）冬雨期施工

1）冬期施工为防止灰层受冻，砂浆内不宜掺石灰膏，为保证砂浆的和易性，可采用同体积的粉煤灰代替。比如打底灰配合比可采用1：0.5：4（水泥：粉煤灰：砂）或1：3水泥砂浆；水泥石渣浆配合比可采用1：0.5：3（水泥：粉煤灰：石渣）或改为1：2水泥石渣浆使用。

2）抹灰砂浆应使用热水拌合，并采取保温措施，涂抹时砂浆温度不宜低于+5℃。

3）抹灰层硬化初期不得受冻。

4）进入冬期施工，砂浆中应掺入能降低冰点的外加剂，加氯化钙或氯化钠，其掺量应按早七点半大气温度高低来调整其砂浆内外加剂的掺量。

5）用冻结法砌筑的墙，室外抹灰应待其完全解冻后再抹，不得用热水冲刷冻结的墙面或用热水消除墙面的冰霜。

6）严冬阶段不得施工。

7）雨期施工时注意采取防雨措施，刚完成的刷石墙面如遇暴雨冲刷时，应注意遮挡，防止损坏。

5. 应注意的质量问题

1）灰层粘结不牢、空鼓原因可能是：基层未浇水湿润；基层没清理或清理不干净；每层灰跟得太紧或一次抹灰太厚；打底后没浇水养护；预制混凝土外墙板太光滑，且基层没"毛化"处理；板面酥皮未凿干净。分格条两侧空鼓是因为起条时将灰层拉裂。

处理措施：应注意基层的清理、浇水；每层灰控制抹灰厚度不能过厚；打底灰抹好24h注意浇水养护；对预制混凝土外墙板一定要清除酥皮，并进行"毛化"处理。

2）墙面脏、颜色不一致原因可能是：刷石墙面没抹平压实，凹坑内水泥浆没冲洗干净，或最后没用清水冲洗干净；原材料一次备料不够；水泥或石渣颜色不一致或配合比不准，级配不一致。

处理措施：操作时应反复揉压抹平，使其无凸凹不平之处，最后用清水冲刷干净。配合比应有专人掌握，所用水泥、石渣应一次备齐。

3）坠裂、裂缝原因可能是：面层厚度不一，冲刷时厚薄交接处由于自重不同坠裂，干后裂缝加大；压活遍数不够，灰层不密实也易形成抹纹或龟裂；石渣内有未熟化的颗粒，遇水后体积膨胀将面层爆裂。

处理措施：打底灰一定要平整，面层施工一定要按工艺标准边刷水边压，直至表面压实、压光为止。

4）刷石与散水及与腰线等接触的平面部分没有清理干净，表面有杂物，未将杂物清净形成烂根；由于在下边施工困难，压活遍数不够，灰层不密实，冲洗后形成掉渣或局部石渣不密实。刷石与散水和腰线接触部位的清理，刷石根部的施工要仔细和认真。

5）阴角刷石、墙面刷石污染、混浊、不清晰的原因可能是：阴角做刷石分两次做两个面，后刷的一面就污染前面已刷好的一面；整个墙面多块分格，后做的一块，刷洗时污染已经做好的一块。

处理措施：将阴角的两个面找好规矩，一次做成，同时喷刷。对大面积墙面做水刷石时，为防止污染，在冲刷后做的刷石前，先将已做好的刷石用净水冲洗干净并湿润后，再冲刷新做的刷石，新活完成后，再用净水冲洗已做好的刷石，防止因冲洗不净造成污染、混浊。

6）刷石留槎混乱，整体效果差：刷石槎子应留在分格条中，或水落管后边，或独立装饰部分的边缘处，不得留在块中。

6. 成品保护

1）粘在门窗框及砖墙上的砂浆应及时清理干净，铝合金门窗应及时粘好

第六章 装饰抹灰

保护膜，以防污染。

2）喷刷时应用塑料薄膜覆盖好已交活的墙面，以防污染。特别是风天更要细心保护和覆盖。

3）建筑物进出口的水刷石做好交活后，应及时做好保护工作，防止砸坏棱角。

4）拆架子及进行室内外清理时，不要损坏和污染门窗玻璃及水刷石墙面。

5）油漆工刷油时应注意别将油罐碰翻污染墙面，对已做好的刷石窗台及凸线等，应加以保护，严禁蹬踩损坏。

7. 质量验收标准

抹灰分项工程的检验批应按下列规定划分：

相同材料、工艺和施工条件的室内抹灰工程每 50 自然间（大面积房间和走廊按抹灰面积 30m² 为一间）应划分为一个检验批，不足 50 间也应划分为一个检验批。相同材料、工艺和施工条件的室外抹灰工程每 500～1000m² 应划分为一个检验批，不足 500m² 也应划分为一个检验批。

检查数量应符合下列规定：

室内每个检验批应至少抽查 10%，并不得少于 3 间；不足 3 间时应全数检查。室外每个检验批每 100m² 应至少抽查一处，每处不得小于 10m²。

（1）主控项目

1）抹灰前基层表面的尘土、污垢、油渍等应清除干净，并应洒水湿润。

检验方法：检查施工记录。

2）装饰抹灰工程所用材料的品种和性能应符合设计要求。水泥的凝结时间和安定性复验应合格。砂浆的配合比应符合设计要求。

检验方法：检查产品合格证书、进场验收记录、复验报告和施工记录。

3）抹灰工程应分层进行。当抹灰总厚度大于或等于 35mm 时，应采取加强措施。不同材料基体交接处表面的抹灰，应采取防止开裂的加强措施，当采用加强网时，加强网与各基体的搭接宽度不应小于 100mm。

检验方法：检查隐蔽工程验收记录和施工记录。

4）各抹灰层之间及抹灰层与基体之间必须粘结牢固，抹灰层应无脱层、空鼓和裂缝。

检验方法：观察、用小锤轻击检查；检查施工记录。

(2) 一般项目

1）装饰抹灰工程的表面质量应符合下列规定：

①水刷石表面应石粒清晰、分布均匀、紧密平整、色泽一致，应无掉粒和接槎痕迹。

②斩假石表面剁纹应均匀顺直，深浅一致，应无漏剁处；阳角处应横剁并留出宽窄一致的不剁边条，棱角应无损坏。

③干粘石表面应色泽一致、不走露浆、不漏粘，石粒应粘结牢固、分布均匀，阳角处应无明显黑边。

④假面砖表面应平整、沟纹清晰、留缝整齐、色泽一致，应无掉角、脱皮、起砂等缺陷。

检验方法：观察；手摸检查。

2）装饰抹灰分格条（缝）的设置应符合设计要求，宽度和深度应均匀，表面应平整光滑，棱角应整齐。

检验方法：观察。

3）有排水要求的部位应做滴水线（槽）。滴水线（槽）应整齐顺直，滴水线应内高外低，滴水槽的宽度和深度均不应小于10mm。

检验方法：观察；尺量检查。

8. 安全措施

1）高处作业时，应检查脚手架是否牢固，特别是在大风及雨后作业。

2）对脚手板不牢和跷头板等情况应及时处理，要铺有足够的宽度，以保证手推车运砂浆时的安全。

3）在架子上工作，工具和材料要放置稳当，不许随便乱扔。

4）塔吊上料时，要有专人指挥，遇六级以上大风时应暂停作业。

5）砂浆机应有专人操作维修、保养，电器设备应绝缘良好并接地。

6）严格控制脚手架施工荷载。

7）不准随意拆除、斩断脚手架软硬拉结，不准随意拆除脚手架上的安全设施，如妨碍施工要经施工负责人批准后，方能拆除妨碍部位。

8）严禁高空抛物。

第二节 墙面干粘石施工

1. 施工准备

（1）材料及主要机具

1）水泥：32.5级及其以上的矿渣水泥或普通硅酸盐水泥。颜色一致，宜采用同一批产品、同炉号的水泥。有产品出厂合格证。

2）砂：中砂，使用前应过5mm孔径的筛子，或根据需要过纱绷筛，筛好备用。

3）石渣：颗粒坚硬，不含黏土、软片、碱质及其他有机物等有害物质。其规格的选配应符合设计要求，中八厘粒径为6mm，小八厘粒径为4mm。使用前应过筛，使其粒径大小均匀。符合上述要求，筛后用清水洗净晾干，按颜色分类堆放，上面用帆布盖好。

4）石灰膏：使用前一个月将生石灰焖透，过3mm孔径的筛子，冲淋成石灰膏。用时灰膏内不得含有未熟化的颗粒和杂质。

5）磨细生石灰粉：使用前一周用水将其焖透，不应含有未熟化颗粒。

6）粉煤灰、107胶或经过鉴定的胶粘剂等，并有产品出厂合格证及使用说明。

7）主要机具：砂浆搅拌机、铁抹子、木抹子、塑料抹子、大杠、米厘条、小木拍子、小筛子30cm×50cm、数个小塑料滚子、小压子、靠尺板、接石碴筛 30cm×80cm 等。

(2) 作业条件

1) 外架子提前支搭好，最好选用双排外脚手架或桥式架子，若用双排外架子，最少应保证操作面处有两步架的脚手板，其横竖杆及拉杆、支杆等应离开门窗口角 200～250mm，架子的步高应满足施工需要。

2) 预留设备孔洞应按图纸上的尺寸留好，预埋件等应提前安装并固定好。门窗口框安装好，并与墙体固定，将缝隙填嵌密实，铝合金门窗框边提前做好防腐及表面粘好保护膜。

3) 墙面基层清理干净，脚手眼堵好。混凝土过梁、圈梁、组合柱等，将其表面清理干净，突出墙面的混凝土剔平，凹进去部分应浇水洇透后，用掺水重10%的107胶的1:3水泥砂浆分层补平，每层补抹厚度不应大于7mm，且每遍抹后不应跟得太紧。加气混凝土板凹槽修补应用掺水重10%的107胶1:1:6的混合砂浆分层补平。板缝亦应同时勾平、勾严。预制混凝土外墙板防水接缝已处理完毕，经淋水试验，无渗漏现象。

4) 确定施工工艺，向操作者进行技术交底。

5) 大面积施工前先做样板墙，经有关人员验收后，方可按样板要求组织施工。

2. 操作工艺

(1) 工艺流程

检查外架子→基层处理→吊垂线、找规矩→抹灰饼、冲筋→打底→弹线分格→粘条→抹粘石砂浆→粘石→拍平、修整→起条、勾缝→养护。

(2) 基层为混凝土外墙板的操作方法

1) 基层处理：对用钢模施工的混凝土光板应进行剔毛处理。板面上有酥皮的应将酥皮剔去，或用浓度为10%的火碱水将板面的油污刷掉，随之用净水将其碱液冲洗干净，晾干后用1∶1水泥细砂浆（其内的砂子应过纱绷筛）用掺水重20%的107胶水搅拌均匀，用空压机及喷斗将砂浆喷到墙上，或用笤帚将砂浆甩到墙上，要求喷、甩均匀。终凝后浇水养护，常温3～5d，直至水泥砂浆疙瘩全部固化到混凝土光板上，用手掰不动为止。

2）吊垂直、套方、找规矩：若建筑物为高层时，则在大角及门窗口两边，用经纬仪打直线找垂直。若为多层建筑，可从顶层开始用大线坠吊垂直，绷铁丝找规矩，然后分层抹灰饼。横线则以楼层标高为水平基准交圈控制，每层打底时则以此灰饼做基准冲筋，使其打底灰做到横平竖直。

3）抹底层砂浆：抹前刷一道掺用水重10%的107胶水泥素浆，紧跟着分层分遍抹底层砂浆。常温时可采用1∶0.5∶4（水泥∶白灰膏∶砂），冬施时应用1∶3水泥砂浆打底，抹至与冲的筋齐平时，用大杠刮平，木抹子搓毛，终凝后浇水养护。

4）弹线、分格、粘分格条、滴水线：按图纸要求的尺寸弹线、分格，并按要求宽度设置分格条，分格条表面应做到横平竖直、平整一致，并按部位要求粘设滴水槽，其宽、深应符合设计要求。

5）抹粘石砂浆、粘石：抹粘石砂浆。粘石砂浆主要有两种，一种是素水泥浆内渗水泥重20%的107胶配制而成的聚合物水泥浆；另一种是聚合物水泥砂浆，其配合比为水泥∶石灰膏∶砂∶107胶＝1∶1.2∶2.5∶0.2。其抹灰层厚度，根据石渣的粒径选择，一般抹粘石砂浆应低于分格条1～2mm。粘石砂浆表面应抹平，然后粘石。采用甩石子粘石，其方法是一手拿底钉窗纱的小筛子，筛内装石渣，另一手拿小木拍，铲上石渣后在小木拍上晃一下，使石渣均匀地撒布在小木拍上，再往粘石砂浆上甩。要求一拍接一拍地甩，要将石渣甩严、甩匀，甩时应用小筛子接着掉下来的石渣。粘石后及时用干净的抹子轻轻地将石渣压入灰层之中要求将石渣粒径的2/3压入灰中，外露1/3，并以不露浆且粘结牢固为原则。待其水分稍蒸发后，用抹子垂直方向从下往上溜一遍，以消除拍石时的抹痕。

对大面积粘石墙面，可采用机械喷石法施工，喷石后应及时用橡胶滚子滚压，将石渣压入灰层2/3，使其粘结牢固。

6）施工程序：门窗碹脸、阳台、雨罩等按要求应设滴水槽，其宽度、深度应符合设计要求。粘石时应先粘小面后粘大面，大面、小面交角处抹粘石灰时应采用八字靠尺，起尺后及时用筛底小米粒石修补黑边，使其石粒粘结密实。

7）修整、处理黑边：粘完石后应及时检查有无没粘上或石粒粘得不密实的地方，如发现后用水刷蘸水甩在其上，并及时补粘石粒，使其石渣粘结密实、均匀。发现灰层有坠裂现象，也应在灰层终凝以前甩水将裂缝压实。如阳角出现黑边，应待起尺后及时补粘米粒石并拍实。

8）起条、勾缝：粘完石后应及时用抹子将石子压入灰层2/3，并用铁抹子轻轻地往上溜一遍以减少抹痕。随后即可起出分格条、滴水槽，起条后应用抹子将起条后的灰层轻轻地按一下，防止在起条时将粘石灰的底灰拉开，干后形成空鼓。起条后可以用素水泥膏将缝内勾平、勾严。也可待灰层全部干燥后再勾缝。

9）浇水养护：常温施工粘石后24h，即可用喷壶浇水养护。

（3）基层为砖墙的操作方法

1）基层处理：将加气混凝土板拼缝处的砂浆抹平，用笤帚将表面粉尘、加气细末扫净，浇水洇透，勾板缝，用10%（水重）的107胶水泥浆刷一遍，紧跟着用1∶1∶6混合砂浆分层勾缝，并对缺棱掉角的板，分层补平，每层厚度7～9mm。

2）抹底层砂浆：可采用下列两种方法之一。

①在润湿的加气混凝土板上刷一道掺有水重20%的107胶水泥浆，紧跟着薄薄地刮一道1∶1∶6混合砂浆，用笤帚扫出垂直纹路，终凝后浇水养护，待所抹砂浆与加气混凝土粘结一起，手掰不动为度。之后方可吊垂直，套方，找规矩，冲筋，抹底层砂浆。

②在润湿的加气混凝土板上，喷或甩一道掺有水重20%的107胶拌合成的1∶1∶6混合砂浆，要求疙瘩要喷、甩均匀，终凝后浇水养护。待所喷、甩的砂浆与加气混凝土粘结牢固后，方可吊垂直，套方，找规矩，抹底层砂浆。

底层砂浆配合比为1∶1∶6的混合砂浆，分层施抹，每层厚度宜控制在7～9mm，打底灰与所冲筋抹平，用大杠横竖刮平，木抹子搓毛，终凝后浇水养护。

3）粘分格条、滴水槽：按图纸上的要求弹线分格、粘条，要求分格条表面横平竖直。

4）抹粘石砂浆，甩石渣粘石：方法与前相同。

5）操作程序：自上而下施工，门窗碹脸、阳台、雨罩等应先粘小面后粘大面，先粘分格条两侧再粘中心部位。大、小面交角处粘石应采用八字靠尺。滴水槽留置的宽度、深度应符合设计要求。

6）修整、处理黑边：粘石灰未终凝前应检查所粘的墙有无缺陷，发现问题应及时修整，如出现黑边，应撣水补粘米粒石处理。

7）起条、勾缝：粘石修好后，及时将分格条、滴水槽起出，并用抹子轻轻地按一下，第二天用素水泥膏勾缝。

8）浇水养护：常温 24h 后，用喷壶浇水养护。

（4）冬期施工

1）抹灰砂浆应采取保温措施，砂浆上墙温度不低于 + 5℃。

2）抹灰砂浆层硬化初期不得受冻。气温低于 + 5℃时，室外抹灰应掺入能降低冻结温度的外加剂，其掺量通过试验确定。

3）用冻结法砌筑的墙，室外抹灰应待其完全解冻后施工，不得用热水冲刷冻结的墙面或消除墙面上的冰霜。

4）抹灰内不能掺白灰膏，为保证操作可以用同体积粉煤灰代替，以增加和易性。

3. 质量标准

（1）保证项目

材料的品种、质量必须符合设计要求。各抹灰层之间及抹灰层与基体之间必须粘结牢固，无脱层、空鼓和裂缝等缺陷。

（2）基本项目

1）粘石表面石粒粘结牢固，分布均匀，表面平整，颜色一致，不显接槎，无露浆，无漏粘，阳角处无黑边。

2）分格条宽度和深度均匀一致，条（缝）平整光滑，棱角整齐，横平竖直，通顺。

3）滴水线（槽）流水坡向正确，滴水线顺直，滴水槽宽度、深度均不小于10mm。整齐一致。

（3）允许偏差项目

允许偏差项目，见表6-1。

墙面干粘石允许偏差 表6-1

项次	项目		允许偏差（mm）	检查方法
1	立面垂直		5	用2m托线板检查
2	表面平整		5	2m靠尺及楔形塞尺检查
3	阴阳角垂直		4	2m靠尺及楔形塞尺检查
4	阳角方正		3	2m靠尺及楔形塞尺检查
5	分格条平直		3	拉5m小线，不足5m拉通线检查
6	全高垂直	单层、多层	$H/1000$ 且 $\leqslant 20$	经纬仪检查
		高层	$H/1000$ 且 $\leqslant 30$	经纬仪检查

注：H为建筑物立面总高度。

4. 成品保护

1）门窗框及架子上的砂浆应及时清理干净，散落在架子上的石渣应及时回收。铝合金门窗应保护好，其上的保护膜完好无损。

2）翻板子、拆架子不要碰撞干粘石墙面，粘石后棱角处应加以保护，防止碰撞。

3）油工刷油时严禁踩蹬粘石面层及棱角，切勿将油罐碰掉污染粘石墙面。

4）做刷石前应保护好粘石墙面，防止刷石的水泥浆污染粘石面。

5. 应注意的质量问题

1）粘石面层不平，颜色不均：粘石灰抹得不平，粘石时用力不均；拍按粘石时抹灰厚的地方按后易出浆，抹灰薄，灰层处出现坑，粘石后按不到。石渣浮在表面颜色较重，而出浆处反白，造成粘石面层有花感，颜色不一致。

2）阳角及分格条两侧出现黑边：分格条两侧灰干得快，粘不上石渣；抹阳角时没采用八字靠尺，起尺后又不及时修补。分格条处应先粘而后再粘大面，阳角粘石应采用八字靠尺，起尺后及时用米粒石修补和处理黑边。

3）石渣浮动，平触即掉：灰层干得太快，粘石后已拍不动，或拍的劲不够；粘石前底灰土应浇水湿润，粘石后要轻拍，将石渣拍入灰层 2/3。

4）坠裂：底灰浇水饱和。粘石灰太稀，灰层抹得过厚，粘石时由于石渣的甩打将灰层砸裂下滑产生坠裂。故浇水要适度，且要保证粘石灰的稠度。

5）空鼓开裂：有两种，一种是底灰与基层之间的空裂；另一种是面层粘石层与底灰之间的空裂。底灰与基体的空裂原因是基体清理不净；浇水不透；灰层过厚，抹灰时没分层施抹。底灰与粘石层空裂主要是由于坠裂引起为多。为防止空裂发生，一是注意清理，二是注意浇水适度，三要注意灰层厚度及砂浆的稠度。加强施工过程的检查把关。

6）分格条、滴水槽内不光滑、不清晰：主要是起条后不勾缝，应按施工要求认真勾缝。

第三节 大面积假石施工

斩假石（人造假石、剁斧石）是在水泥砂浆基层上涂抹水泥石子浆，待凝结硬化具有一定强度后，用斧子及各种凿子等工具，在面层上剁斩出类似石材经雕琢效果的一种人造石料装饰方法。它既具有貌似真石的质感，又具有精工细作的特征，适用于外墙面、勒脚、室外台阶和地坪等建筑装饰工艺。

饰面有两种：斩假石和拉假石。

1. 专用工具

1）斩假石用的斩斧。
2）拉假石用的自制抓耙，抓耙齿片用废锯条制作。

2. 所用材料

1）石米。70%粒径2mm的白色石米和30%粒径0.15～1.5mm的白云石屑。
2）面层砂浆配比。水泥石子浆，水泥∶石米＝1∶（1.25～1.50）。

3. 操作流程

中层砂浆验收→弹线、贴分格条→抹面层水泥石子浆→斩剁面层（或抓耙面层）→养护。

4. 操作要点

1）弹线、贴分格条与水刷石操作相同。
2）抹面层水泥石子浆。按中层灰的干燥程度浇水湿润，再扫一道

1∶0.45 的水泥净浆，随后抹 13mm 厚水泥石子浆，用木抹子打磨拍实，上下顺势溜直，不得有砂眼、空隙，每分格内一次抹完。

抹完石子浆后，立即用软刷蘸水刷去表面的水泥浆，露出石米至均匀为止，24h 后浇水养护。

3）斩剁或拉假石面层处理。

①斩剁面层。2～3d 后即可试剁，以不掉石米、容易剁痕、声响清脆为准。斩剁前应先弹顺线，相距约 10cm，按线操作，以免剁纹跑斜。

斩剁顺序，一般先上后下，由左到右，先剁转角和四周边缘，后剁中间墙面。转角和四周边缘的剁纹应与其边棱呈垂直纹，中间剁垂直纹，先轻剁一遍，再盖着前一遍的剁纹剁深痕。剁纹的深度一般按 1/3 石米的粒径为宜。

在剁墙角、柱边时，宜用锐利的小斧轻剁，以防掉边缺角。

斩假石常见的有棱点剁斧、花锤剁斧、立纹剁斧等几种效果。

斩剁完后用水冲刷墙面。

②拉假石面层。待水泥石子浆面收水后，用靠尺检查其平整度，再用铁抹子压平、压光。水泥终凝后，用抓耙依着靠尺按同一方向抓刮，露出石米。完成后表面呈条纹状，纹理清晰。

4）起分格条、养护与水刷石操作相同。

第四节 地面普通水磨石施工

1. 施工准备

（1）材料

1）水泥：原色水磨石面层宜用 32.5 级及以上硅酸盐水泥、普通硅酸盐水泥；彩色水磨石应采用白色或彩色水泥。同一单项工程地面，应使用同一个出厂批号的水泥。

2）砂子：中砂，通过 0.63mm 孔径的筛，含泥量不得大于 3%。

3）石子（石米）：应采用洁净无杂物的大理石粒，其粒径除特殊要求外，一般用 4～12mm，或将大、中、小石料按一定比例混合使用。同一单位工程宜采用同批产地石子。颜色规格不同的石子应分类堆放。

4）玻璃条：由设计确定或用普通 3mm 厚平板玻璃裁制成宽 10mm 左右（视石子粒径定）的玻璃条，长度由分块尺寸决定。

5）铜条：用 ≥3mm 厚铜板，宽 10mm 左右（视石子粒径定），长度由分块尺寸决定，铜条须经调直才能使用。铜条下部 1/3 处每米钻四个孔径 2mm，穿铁丝备用。

6）颜料：采用耐光、耐碱的矿物颜料，其掺入量不大于水泥重量的 12%。不得使用酸性颜料如采用彩色水泥，可直接与石子拌合使用。

7）其他：草酸、地板蜡、$\phi 0.5～1.0$mm 直径铁丝。

（2）作业条件

除参照水泥砂浆面层之作业条件外尚须补充如下：

1）石子料径及颜色须由设计人定板后才进货。

2）彩色水磨石如用白色水泥掺色粉拌制时，应事先按不同的配合比做样板，交设计人定板。一般彩色水磨石色粉掺量为水泥量的 3%～6%，深色则不超过 12%。

3）水泥砂浆找平层施工完毕至少 24 小时，宜养护 2～3 天再做下道工序。

4）石子（石米）应分别过筛，并尽可能用水洗净晾干使用。

2. 工艺流程

处理、润湿基层→打灰饼、做冲筋→抹找平层→养护→嵌镶分格条→铺水泥石子浆→养护试磨→磨第一遍并补浆→磨第二遍并补浆→磨第三遍并养护→过草酸、上蜡、抛光。

3. 操作工艺

（1）做找平层

1）打灰饼、做冲筋：做法同楼地面水泥砂浆抹面。
2）刷素水泥浆结合层：做法同楼地面水泥砂浆抹面。
3）铺抹水泥砂浆找平层：找平层用1:3干硬性水泥砂浆，先将砂浆摊平，再用压尺按冲筋刮平，随即用木抹子抹平压实，要求表面平整密实、保持粗糙，找平层抹好后，第二天应浇水养护至少一天。

（2）分格条镶嵌

1）找平层养护一天后，先在找平层上按设计要求弹出纵横两向或图案墨线，然后按墨线截裁分格条（图6-2）。
2）用纯水泥浆在分格条下部抹成八字角通长座嵌牢固（与找平层约成30度角），铜条穿的铁丝要埋好。纯水泥浆的涂抹高度比分格条低3～5mm，分格条应镶嵌牢固，接头严密，顶面在同一平面上，并通线检查其平整度及顺直。

图6-2 分格条镶嵌

3）分格条镶嵌好以后，隔12小时开始浇水养护，至少应养护2天。

（3）抹石子浆面层

1）水泥石子浆必须严格按照配合比计量。彩色水磨石应先按配合比将白水泥和颜料反复干拌均匀，拌完后密筛多次，使颜料均匀混合在白水泥中，并调足供补浆之用的备用量，最后按配合比与石米搅拌均匀，并加水搅拌。

2）铺水泥石子浆前一天，洒水湿润基层。将分格条内的积水和浮砂清除干净，并涂刷素水泥浆一遍，水泥品种与石子浆的水泥品种一致，随即将水泥石子浆先铺在分格条旁边，将分格条边约 10cm 内的水泥石子浆（石子浆配合比一般为 1∶1.25 或 1∶1.50）轻轻抹平压实，以保护分格条，然后再整格铺抹，用木抹板子或铁抹子抹平压实，但不应用压尺平刮。面层应比分格条高 5mm 左右，如局部石子浆过厚，应用铁抹子挖去，再将周围的石子浆刮平压实，对局部水泥浆较厚处，应适当补撒一些石子，并压平压实，要达到表面平整，石子分布均匀。

3）石子浆面至少要经两次用毛横扫粘拉开面浆，检查石粒均匀（若过于稀疏应及时补上石子）后，再用铁抹子抹平压实，至泛浆为止。要求将波纹压平，分格条顶面上的石子应清除掉。

4）在同一平面上如有几种颜色图案时，应先做深色，后做浅色。待前一种色浆凝固后，再抹后一种色浆。两种颜色的色浆不应同时铺抹，避免串色。但间隔时间不可太长，一般可隔日铺抹。

5）养护：石子浆抹完成后，次日起应进行浇水养护，并应设警戒线严防人行践踏。

(4) 磨光

1）大面积施工宜用机械磨石机研磨（图 6-3），小面积、边角处可使用小型手提式磨机研磨，对局部无法使用机械研磨部位，可用手工研磨。开磨前应试磨，若试磨后石粒不松动，即可开磨。一般开磨时间同气温、水泥强度等级、水泥品种有关，可参考表 6-2。

图 6-3 研磨

水磨石面层开磨参考时间表　　　　　表6-2

平均温度（℃）	开磨时间（天）	
	机磨	人工磨
20～30	3～4	2～3
10～20	4～5	3～4
5～10	5～6	4～5

2）磨光作业应采用"二浆三磨"方法进行，即整个磨光过程分为磨光三遍，补浆二次。

①用60～80号粗石磨第一遍，随磨随用清水冲洗，并将磨出的浆液及时扫除。对整个水磨面，要磨匀、磨平、磨透，使石粒面及全部分格条顶面外露。

②磨完后要及时将泥浆水冲洗干净，稍干后涂刷一层同颜色水泥浆（即补浆），用以填补砂眼和凹痕，对个别脱石部位要填补好，不同颜色上浆时，要按先深后浅的顺序进行。

③补浆后需养护3～4天，再用100～150号磨石进行第二遍研磨，方法同第一遍。要求磨至表面平滑、无模糊不清之感为止。

第五节　饰面砖工程施工技术

1. 外墙饰面砖

（1）施工准备

1）原材料准备：普通水泥、白水泥、砂子、石灰膏、各种饰面砖等。

2）机具准备：砂浆机；切割机；抹灰通用工具；各种皮数杆；质量检测工具等（图6-4）。

图6-4　部分施工机具

3）技术准备：根据施工图样及实际情况确定做以下各项准备：

①各个部位外饰面的排砖方法、缝子的大小并列表。

②各个细部的做法要求，如阴阳角、窗眉、窗台、压顶等。

③勾缝用料比例要求。

④外墙门窗的具体安装位置尺寸。

⑤做好贴砖样板等。

4）现场作业条件准备：

①外架搭设完毕、步距合理、满铺板子、立网安好，小横杆离开墙面约15cm，架子整体验收合格。

②外墙门窗安装到位并完成刮糙。外墙面上雨水管已协调好安装顺序。

③混凝土面层上残留杂物已清除干净，砖墙脚手架眼孔已提前堵塞密实。

④墙面控制线已弹好（各层窗台水平交圈线、各层垂直轴线）。

（2）施工操作技术要点

1）测量墙面、柱面等找规矩、做标志：

①用经纬仪或线锤测量出轴线、窗口线，在每层墙上绘出红三角作为标志。用水平仪测量出层间分界线，窗台线进行交圈闭合，在每层墙上绘出红三角作为标志。测量实际放线成果，实际尺寸与设计尺寸列表对比。

②根据面砖排列模数、各部位实际尺寸，调整根据图样设计的排砖方案，并正式列表挂牌，统一外墙面砖的交底和管理。

③根据修改后排砖方案，确定刮糙尺寸，画出皮数杆及不规则地方使用

第六章 装饰抹灰

专用套板。

④具体刮糙尺寸完好后,立即做灰饼,注意阴阳角、门窗洞口边必须做灰饼。

⑤做灰饼完成后,即与门窗协调门窗高低及窗台出进尺寸。

⑥刮糙时将测量标志(红三角)留出,刮糙后根据排砖线与红三角关系,弹出窗口上下左右的通长线,控制线由顶到底一次弹完。

2)浇水湿润、刮糙打底:

①刮糙打底前 1~3d,用水管将墙面等刮糙区域全面浇水二三遍,具体遍数及渗透程度根据季节确定,一般不少于 10mm。

②刮糙应用 1:3 水泥砂浆分遍成活,刮尺刮平,木抹搓平。

③夏季刮糙应进行养护,当厚度超过 35mm 的地方要另做特殊处理。

④刮糙落地藤有可靠的回收利用措施。

3)贴面砖:

①选砖与浸砖。面砖要经过挑选,同一墙面的砖颜色和规格要一致。贴前将面砖用水浸泡 1~2h,取出晾干无水珠后使用。

②弹面砖控制线及各块砖控制线。将刮糙前基体各施工单元上的控制标志准确地敷设在糙面上,复查尺寸与基体找规矩尺寸符合一致。一般在刮糙面上根据控制标志弹出控制线,每个施工单元上的阴阳角、门窗口的上下左右、柱中或角都必须有控制线,控制线一般用墨线弹制,控制线应使每个立面从上至下一次弹完,并进行验收,合格后施工班组才能放细部线。

施工班组根据各个控制线内的小施工单元的具体情况及操作习惯,用粉线袋补弹各块面砖控制线或画出皮数杆,钉在墙上控制每块砖的铺贴经纬线。

每个单位工程必须统一弹线方法,一般常规水平弹线,面砖在线上,缝在线下;竖直线,面砖在线右,缝在线左为好。

③贴砖。根据大墙面控制线贴控制面砖,一般贴在控制线交角上。控制面砖上下左右必须在一条直线和一个平面上,贴好后拉水平线和吊垂线进行检查。砖背面打灰要饱满,中部高起,四角略低,贴砖要轻轻揉压,压出灰浆,面砖水平缝宽度可用米厘条或拉线控制,竖缝要对准控制线,争取一次就位,就位后应剔出多余灰浆。面砖表面平整与垂直应与控制面砖相一致。外墙大角可采用钢丝拉线控制垂直度。

贴砖次序:一般从上到下分层贴砖,在各层中由下一层的水平交圈控制线套到上一层水平交圈控制线,本层由下向上完成。若施工单元高度不大时,可以从下到上一次完成贴砖。

贴砖使用灰浆品种多样,常有1:2水泥砂浆加3%胶料,厚度一般不超过10mm;1:0.2:2水泥混合砂浆;素水泥浆;1:(1.5～1.8)水泥砂浆等。

4)勾嵌缝:一般勾嵌缝是显露于面层的成品按设计要求材料比例进行。设计无要求时,可用1:1水泥砂浆或素水泥浆(用于擦缝贴砖),砂子用窗纱过筛。

勾(擦)缝(图6-5)应在面砖质量检查合格后进行,先勾水平缝,再勾垂直缝,缝深为2～3mm,缝隙要平顺,交叉处要平齐,轮廓方正,颜色一致,勾前浇水湿润,勾缝后要用棉纱将面砖擦干净。在拆除外架前,再将外墙面全面擦洗一次。若设计为浅色缝必须专人负责配料。

图6-5 勾缝

5)养护:对基层抹灰,贴好面砖,勾缝完毕要注意进行养护,解决好水源,并由专人进行,养护至少3d,要保持湿润,防止暴晒。

(3)质量重点控制内容

用现行质量检验标准严格检查外,重点做好以下几点:

1)基层处理,特别注意超厚、空鼓。
2)面放线,注意交圈,割非整砖位置的合理性。
3)细部构造做法的合理性。
4)面砖空鼓。
5)缝子窄于7mm时,偏差显眼,应从严控制。浅色缝注意色差。

(4)安全注意事项

1)进场操作人员都要接受工地安全专项交底。
2)外架施工要戴安全帽,使用安全带。
3)上架先进行架子、铺板安全检查,不穿高跟鞋、硬底鞋上架子。
4)架上施工精力集中,不能开玩笑。提升机上料,注意安全。
5)按规程使用机械,不得随意接电。

2. 室内瓷砖

(1)施工准备

1)原材料准备。普通水泥;白水泥;砂子;石灰膏;各种瓷砖等。
2)机具准备。抹灰通用工具;砂浆机;切割机;裁刀;钳子;质量检测工具等。
3)技术准备:
①排列及细部处理方案。
②室内控制线,贴好样板间。
③班组交底等。
4)作业条件:
①上道工序已验收合格。
②室内管线、门窗框安装完毕。
③地面防水完毕。

(2)主要工艺流程

基层(体)验收→顶、墙抹灰,贴砖打底→放线、排砖、施工交底→铺贴瓷砖→质检擦缝→验缝补缺→竣工总验。

(3)施工操作技术要点

1)基层(体)验收。对墙面等处的基体进行验收,水电等安装验收合格,洞眼已堵好，砌块及轻质隔墙基层处理完毕，工作场地清理干净，已进行交接验收。

2）顶、墙抹灰，贴砖打底。顶棚抹灰按设计要求进行粉刷成活。对瓷砖墙裙，上下统一做灰饼，分界灰饼以上部分在灰饼处水平收头整齐，灰饼以下部分用1:3水泥砂浆刮糙打底，平整粗糙。对整墙贴砖墙面，按一般抹灰进行刮糙。

刮糙完成后在放线前，对各面墙体打底面进行全数验收，合格者，方可进入下道工序。

3）放线、排砖、施工交底。用墨线将500mm线弹在各面墙上，交圈闭合。找出地漏核对标高及泛水坡度，换算出最低处（地漏）尺寸，确定第一皮砖上口线，有泛水时，只需保证最低点为整砖，其他部分根据泛水裁砖，一般地坪与墙面交缝为墙压地为好，因此，在地面后做时，贴砖应从第二皮开始，待地坪完成后补第一皮砖。室内一些部件如蹲台、水池、槽、镜子等位置弹出不贴控制线，待设备施工完后再做修补。线放完检查无误后即可做灰饼、排砖。

对大墙面全贴时，量出镶瓷砖的面积，算好纵横皮数（缝无设计时用1～1.5mm），从顶棚顶向下排列，画出皮数杆，并弹出水平线，但必须注意纵横缝宽窄一致。

用小块瓷砖做灰饼，间距1.5m左右，粘结层厚6～8mm，依皮数杆所弹水平线从阳角向阴角排铺底砖，阳角两面砖，哪面压哪面应符合主面压次面，先贴次面后贴主面。底砖排完，检查符合要求，再进行大面积铺贴。

如何放线、排砖、检查以及质量、安全、进度在交底中交代清楚。

4）铺贴瓷砖。按水平线嵌上一根八字尺或直靠尺，作为第一行（底砖）的水平依据，铺时瓷砖的下口坐在八字尺或直靠尺上，底砖上、下口挂双线或在直靠尺上弹线，才能保证横平竖直。

镶贴瓷砖宜从阳角开始，并由下往上进行。用装有木柄的铲刀，在瓷砖背面打满灰（注意瓷砖商标方向一致误差较小），厚度根据灰饼一般为6～8mm。按控制尺寸，将瓷砖坐在八字尺或直靠尺上，贴于墙面用力按压使其略高出标志块，用铲刀木柄轻轻敲击，使瓷砖紧密粘于墙面，再用靠尺按标志将其校正平直。镶贴完整行的瓷砖后，再用长靠尺横向校正一次。对于高出标志块的应轻轻敲击，使其平齐；若低于灰饼的应取下瓷砖，重新抹满灰再贴，不得在砖上口处塞灰，否则会产生空鼓。对大墙面大于3m，根据灰饼贴好头砖、腰砖，上口拉线、下口对棱的方法能提高施工速度，保证质量。竖直缝要不时从上向下望保证垂直，大面积可弹线（竖直）控制或吊线控制。然后依次方法逐层向上镶贴，直至完成，将缝子和砖面用棉纱清理干净。

贴砖用灰常用比例：1∶2水泥砂浆加3%胶料；1∶2水泥砂浆加5%石灰膏；1∶0.3∶3混合砂浆。

5）质量检验、擦缝。夏期1d、冬期2d，轻划瓷砖可观察是否有空鼓，及时修补换掉，并按质量验收规范要求检查，合格后擦缝交活，擦浆前用清水湿润砖面，再用素水泥浆擦缝子，稍干，用棉纱擦干净。

6）验缝补缺。缝子擦缝完成随时验缝，待各种设施安装完毕，地面也完成再补各处留槎缺砖，全部清理。

7）竣工验收。在竣工前各分项进行全部验收。解决好瓷砖分项在交工前检查零星修补过程中的破坏。

（4）安全注意事项

1）室内照明必须使用安全电压，由专业人员进行安装。
2）使用机械必须按操作规程进行，杜绝违章操作。
3）遵守工地各项规章制度。

第六节 熟悉镶贴瓷砖、面砖等的一般常识

1. 一般规定

1）饰面砖（板）装饰工程应在墙面隐蔽及抹灰工程、吊顶工程已完成并经验收后进行。当墙体有防水要求时，应对防水工程进行验收。
2）采用湿作业法铺贴的天然石材应作防碱背涂处理。
3）在防水层上粘贴饰面砖时，粘结材料应与防水材料的性能相容。

4）墙、柱面面层应有足够的强度，其表面质量应符合国家现行标准的有关规定。

5）湿作业施工现场环境温度宜在5℃以上；应防止温度剧烈变化。

6）饰面砖装饰工程适用于内墙、柱面粘贴工程和建筑高度不大100m、抗震烈度不大于8度，采用满粘法施工的外墙饰面。

7）饰面板装饰工程适用于内墙、柱面安装工程和建筑高度不大于24m、抗震烈度不大于7度的外墙饰面。

2. 墙、柱面砖铺贴应符合下列规定

1）面砖铺贴前应进行挑选，并应浸水2h以上，晾干表面水分（采用聚酯水泥砂浆可例外）。

2）铺贴前应进行放线定位和排砖，非整砖应排放在次要部位或墙的阴角处。每面墙不宜有两列非整砖，非整砖宽度不宜小于整砖的1/3。

3）铺贴前应确定水平及竖向标志，垫好底尺，挂线铺贴。面砖表面应平整、接缝应平直、缝宽应均匀一致。阴角砖应压向正确，阳角线宜做成45°角对接。在墙、柱面凸出物处，应整砖套割吻合，不得用非整砖拼凑铺贴。

4）结合砂浆宜采用1:2水泥砂浆，砂浆厚度宜为6～10mm。水泥砂浆应满铺在砖背面，一面墙、柱不宜一次铺贴到顶，以防塌落（采用聚合物水泥砂浆例外）。

3. 墙、柱面石材铺装应符合下列规定

1）铺贴前应进行挑选，并应按设计要求进行预拼。

2）强度较低或较薄的石材应在背面粘贴玻璃纤维网布。

3）当采用湿作业法施工时，固定石材的钢筋网应与结构预埋件连接牢固。每块石材与钢筋网拉接点不得少于4个。拉接用金属丝应具有防锈性能。灌注砂浆前应将石材背面及基层湿润，并应用填缝材料临时封闭石材板缝，避

免漏层。灌注砂浆宜用 1 : 2.5 水泥砂浆，灌注时应分层进行，每层灌注高度宜为 150～200mm，且不超过板高的 1/3，插捣应密实。待其初凝后方可灌注上层水泥砂浆。

4）当采用粘贴法施工时，基层处理应平整但不应压光。胶粘剂的配合比应符合产品说明书的要求。胶液应均匀、饱满地刷抹在基层和石材背面，石材就位时应准确，并应立即挤紧、找平、找正，进行顶、卡固定。溢出胶液应随时清除。

第七节 花饰的堆塑

1. 塑实样（阳模）

塑制实样是花饰预制的关键，塑制实样前要审查图纸，领会花饰图案的细节，塑好的实样要求在花饰安装后不存水、不易断裂、没有倒角，塑制实样用的材料有以下几种：

（1）用木材雕刻实样

适用于精细、对称、体型小、线条多的花饰图案，但成本较高，且工期长，一般不采用。

（2）纸筋灰塑制实样

先用一块表面平整光洁的木板做底板，然后在底板上抹一层厚约 1～2mm 的石灰膏，待其稍干，将饰面尺寸图解刻划到板面灰层上。再用稠一些的纸筋灰按花样的轮廓一层层堆起，用小铁皮塑成符合要求的实样。待纸筋灰稍干将实样表面压光。由于纸筋灰的收缩性较大，在塑实样时要按 2% 的比例放大尺寸。这种实样在干燥后容易出现裂纹，因此要注意纸筋灰实样的干湿程度。

（3）石膏塑制实样

按花饰外围尺寸浇一块石膏板，等凝固后把花饰图案用复写纸画在石膏板上，照图案雕刻。一般用于花纹复杂或花饰厚度大于5cm用纸筋灰不易堆成时采用。

当花饰为对称图案时，可用上述方法雕刻对称的一部分，另一部分用明胶阴模翻制后，再用石膏浆把两部胶合成一块花饰，稍加整修，即成为实样。

（4）泥塑实样

适用于大型花饰。泥土应用黏性而没有砂子、较柔软、易光滑的黄土和褐色土，性质相近的陶土及瓷土也可使用。初挖的黏土是生土，要根据其干湿度加入适量的水后，再用木锤锤打，使它成为紧密的熟土（塑泥）。制成的塑泥，要保持一定的干湿度，一般可存放在缸内，用湿布盖严。

2. 浇制阴模

浇制阴模方法有两种：一种是硬模，适用于塑造水泥砂浆，水刷石、斩假石等花饰；一种是软模，适用于塑造石膏花饰。花饰花纹复杂和过大时要分块制作，一般每块边长不超过50cm，边长超过30cm时，模内需加钢筋网或8号铁丝网。

由于花饰的花纹具有横突或下垂的勾脚，如卷叶、花瓣等。因此，不易采用整块阴模翻出，必须采取分模法浇制（图6-6）。

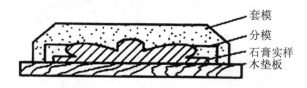

图6-6　分模浇制

3. 浇制花饰

（1）水泥砂浆花饰

将配好的钢筋放入硬模内，再将1:2水泥砂浆（干硬性）或1:1水泥石子浆倒入硬模内进行捣固，待花饰干硬至用手按稍有指纹但不觉下陷时，即可脱模。脱模时将花饰底面刮平带毛，翻倒在平整处。脱模后要检查花纹并进行修整，再用排笔轻刷，使表面颜色均匀。

（2）水刷石花饰

水刷石花饰铸造宜用硬模。将阴模表面清刷干净，然后刷油不少于3遍，做水刷石花饰用的水泥石子浆稠度须干些，用标准圆锥体砂浆稠度器测定，稠度以5～6cm为宜。配合比为1:1.5（水泥：色石屑）。为了使产品表面光滑，避免因石子浆和易性较差，发生砂浆松散或形成孔隙不实等缺点，铸造时可将石子浆放于托灰板上用铁皮先行抹平（图6-7），然后将石子浆的抹平面向阴模内壁面覆盖，再用铁皮按花纹结构形状往返抹压几遍，并用木锤轻敲底板，使石子浆内所含的气泡排出，密实地填满在模壁凹纹内。石子浆的厚度约10～12mm为合适，但不得小于8mm，然后再用1:3干硬性水泥砂浆作填充料按阴模高度抹平，如果花饰厚度不大的饰件，可全用石子浆铸造。

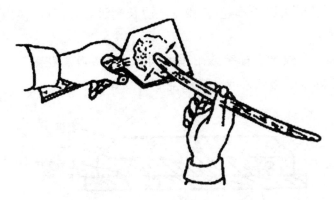

图6-7 水刷石花饰制作

（3）斩假石（剁斧石）花饰

斩假石花饰的铸造方法基本与水刷石花饰相同。铸造后的花饰，约经一周以上的养护，并具有足够的强度后，即可开始斩剁。

（4）石膏花饰

石膏花饰的铸造一般采用明胶阴模。

先在明胶阴模的花饰表面刷上一度无色纯净的油脂。油脂涂刷要均匀，不得有漏刷或油脂过厚现象，特别要注意的是：在花饰细密处，不能让油脂聚积在阴模的低凹处，这样，易使浇制后的花饰产生孔眼。涂刷油脂起到隔离层作用。

将刷好油脂的明胶阴模，安放在一块稍大的木板上。

准备好铸造花饰的石膏粉和麻丝、木板条、竹片等。麻丝须洁白柔韧，木板条和竹片应洁净、无杂物、无弯曲，使用前应先用水浸湿。

然后将石膏粉加水调成石膏浆。石膏浆的配合比视石膏粉的性质而定，一般为石膏粉∶水＝1∶（0.6～0.8）（重量比）。拌制时宜用竹丝帚在桶内不停地搅动，使拌制的石膏浆无块粒、稠度均匀一致为止。竹丝帚使用后，应拍打清洗干净，以免有残余凝结的石膏浆，在下次搅动时混入浆内，影响质量。

石膏浆拌好后，应随即倒入胶模内。当浇入模内约2/3用量后，先将木底板轻轻振动，使花饰细密处的石膏浆密实。然后根据花饰的大小、形状和厚薄情况均匀地埋设木板条、竹片和麻丝加固（切不可放置钢筋、铁丝或其他铁件，以防生锈泛黄），使花饰在运输和安装时不易断裂或脱落。圆形及不规则的花饰，放入麻丝时，可不考虑方向；有弧度的花饰，木板条可根据其形状分段放置。放置时，动作要快。放好后，再继续浇筑剩余部分的石膏浆至模口平，并用直尺刮平（图6-8），待其稍硬后，将背面用刀划毛，使花饰安装时容易与基层粘结牢固。

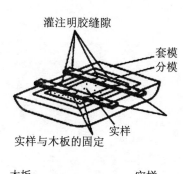

图6-8　石膏花饰浇铸工艺

石膏浆浇筑后的翻模时间，应视石膏粉的质量、结硬的快慢、花饰的大小及厚度确定，一般控制在 5～10min 左右。习惯是用手摸略感有热度时，即可翻模。翻模的时间要掌握准确，因为石膏浆凝结时产生热量，其温度在 33℃左右，如果翻模时间过长，胶膜容易受热变形，影响胶膜周转使用；时间过短，石膏尚未达到一定强度，翻出的成品也容易发生碎裂现象。

翻模前，要考虑从何处着手起翻最方便，不致损坏花饰。起翻时应顺花饰的花纹方向操作，不可倒翻，用力要均匀。

刚翻好的花饰应平放在与花饰底形相同的木底板上。如发现花饰有麻眼、不齐、花饰图案不清及凸出不平等现象，须用工具修嵌或用毛笔蘸石膏浆修补好，直到花饰清晰、完整、表面光洁为止。

翻好的花饰要编号并注明安装位置，按花饰的形状放置平稳、整齐，不得堆叠。贮藏的地方要干燥通风，要离地面 300mm 以上架空堆放。

冬期浇制和放置花饰，要注意保温，防止受冻。

（5）预制混凝土花格饰件

一般在楼梯间等墙体部位砌筑花格窗用。其制作方法是按花格的设计要求，采用木模或钢模组拼成模型，然后放入钢筋，浇筑混凝土。待花格混凝土达到一定强度后脱模，并按设计要求在花格表面做水刷石或干粘石面层，继续养护至可砌筑强度。

第七章 特殊季节的施工及质量通病

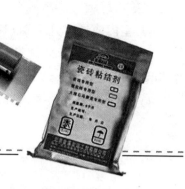

第一节 冬期施工

抹灰工程冬期施工方法分为热做法和冷做法。

1. 热做法

热做法是利用房屋的临时热源或永久热源来提高和保持施工环境温度,使砂浆在正温度条件下硬化,适用于房屋内部抹灰及饰面镶贴等。

热做法施工操作与常温施工基本相同,但应注意以下几点:

1) 环境温度应保持在 5℃ 以上,直到抹灰基本干燥为止。

2) 需要抹灰的砌体,应提前加热,使砌体抹灰面保持在 5℃ 以上,宜用热水湿润砌体表面。

3) 用冻结法砌筑的砌体,应提前进行人工开冻,待开冻并下沉完毕,同时砌体强度达到设计强度的 20% 以上方可抹灰。

4) 室内保温方法可用生火炉、设暖风或红外线加热器、通暖气(热水或蒸汽)等。房间的门窗洞口应用草帘遮挡或预先安装门窗玻璃等,使房间封闭。

5）用临时热源，应经常检查抹灰层的湿度，如干燥太快或出现裂缝、酥松等现象，应适时洒水湿润，使其有适当的湿度。

6）室内应适时开启窗户或通风，以定期排除湿气。

7）抹灰完后应保温养护10～14d，要防止过早撤除热源，以免抹灰层中存留的水分冻结，造成抹灰层空鼓、脱落。

8）应定期测温，室内环境温度以地面以上500mm处为准。

2. 冷做法

冷做法是在抹灰砂浆中掺加化学外加剂，以降低抹灰砂浆的冰点，使砂浆在负温度下硬化。化学外加剂可采用氯化钠、氯化钙、碳酸钾、亚硝酸钠、硫酸钠、漂白粉等，优先选用单掺氯化钠，其次是掺氯化钠与氯化钙或碳酸钾、亚硝酸钠；当气温在-10～-25℃时可掺漂白粉。

在当日室外气温下的氯化钠掺量见表7-1。

不同气温下氯化钠掺量（%）　　　　表7-1

抹灰项目	室外气温（℃）			
	0～-3	-4～-6	-7～-8	-9～-10
墙面抹水泥砂浆	2	4	6	8
挑檐、阳台、雨篷抹水泥砂浆	3	6	8	10
抹水刷石	3	6	8	10
抹干粘石	3	6	8	10
贴面砖、陶瓷锦砖	2	4	6	8

采用氯化钠作为化学外加剂时，应由专人配制成溶液，提前2天用冷水配制1∶3（重量比）的浓溶液，将沉淀杂质清除后倒入大缸内，再加水配制成若干种符合相对密度的溶液，用比重计测定准确后，即可作为搅拌砂浆用水。氯化钠溶液的浓度与相对密度的关系见表7-2。

氯化钠溶液浓度与相对密度关系　　　　表 7-2

浓度（%）	相对密度	浓度（%）	相对密度	浓度（%）	相对密度
1	1.005	5	1.034	9	1.063
2	1.013	6	1.041	10	1.071
3	1.020	7	1.049	11	1.078
4	1.027	8	1.054	12	1.086

掺亚硝酸钠时，其掺量（亚硝酸钠与水泥的质量百分比）为：室外气温在 0～-3℃时为 1%；-4～-9℃时为 3%；-10～-15℃时为 5%。

漂白粉的掺量与室外气温关系见表 7-3。漂白粉的掺量是指漂白粉与拌合水的重量百分比。漂白粉的水溶液称为氯化水溶液，掺加氯化水溶液的砂浆称为氯化砂浆。

漂白粉掺量与室外气温关系　　　　表 7-3

室外气温（℃）	-10～-12	-13～-15	-16～-18	-19～-21	-22～-25
漂白粉掺量（占水重 %）	9	12	15	18	21
氯化水溶液的相对密度	1.05	1.06	1.07	1.08	1.09

漂白粉应用不超过 35℃的水溶化，加盖沉淀 1～2h，澄清后使用。

氯化砂浆搅拌时，应先将水泥和砂干拌均匀，然后加入氯化水溶液拌合。如用水泥石灰砂浆时，石灰膏用量不得超过水泥重量的一半。氯化砂浆应随拌随用，不得停放。氯化砂浆在使用时有一定温度要求，氯化砂浆的温度与室外气温的关系见表 7-4。

氯化砂浆温度与室外气温关系　　　　表 7-4

室外气温（℃）	搅拌后的氯化砂浆温度（℃）	
	无风天气	有风天气
0～-10	+10	+15
-11～-20	+15～+20	+25
-21～-25	+20～+25	+30
-26 以下	不得施工	不得施工

冷做法水刷石施工时，宜在抹灰砂浆中掺加2%的氯化钙和20%的108胶（均按水泥重量计）。基体面先刮1：1氯化钠水泥稀浆，再抹底层砂浆，底层砂浆厚度为10～12mm，面层可抹得薄一些，约4mm厚。面层水泥石子浆抹灰后应比常温下多压一遍，注意石渣大面朝外，稍干后再用喷雾器喷热盐水冲洗干净。

冷做法喷涂聚合物水泥砂浆施工时，宜在聚合物水泥砂浆中掺入水泥重量2%的氯化钙。大面积喷涂以采用粒状做法为宜。

冷做法贴面砖时，宜将面砖背面涂刷界面处理剂，再用掺加氯化钠的砂浆铺贴，或直接用胶粘剂铺贴，再用胶粘剂配制的胶泥勾缝。

第二节 夏、雨期的施工

1. 夏期施工

在炎热的夏季，高温干燥多风的气候条件下进行抹灰、饰面工程，常出现抹灰砂浆脱水，抹灰和饰面镶贴的基体脱水，造成砂浆中水泥没有很好水化就失水，无法产生强度，严重影响抹灰、饰面工程质量，其原因是砂浆中的水分在干热的气温下急剧地被蒸发。为防止上述现象发生，要调整抹灰砂浆级配，提高砂浆保水性、和易性，必要时可适当掺入外加剂；砂浆要随拌随用，不要一次拌得太多；控制好各层砂浆涂抹的间隔时间，若发现前一层过于干燥，则应提前洒水湿润方可涂抹后一层；按要求将浸水湿润并阴干的饰面板（砖）即时进行镶贴或安装；对于应提前湿润的基体因气候炎热而又过于干燥时，必须适度浇水湿润，并及时进行抹灰或饰面作业；夏期进行室外抹灰及饰面工程时，应采取措施遮阳、防止暴晒，并及时对成品进行养护。

2. 雨期施工

雨期施工,砂浆和饰面板(砖)淋雨后,砂浆变稀,饰面板(砖)表面形成水膜,在这种情况下进行抹灰和饰面施工时,就会产生粘结不牢和饰面板(砖)浮滑下坠等质量事故。为此在雨期施工中要做到,合理安排施工计划,如晴天进行外部抹灰装饰,雨天进行室内施工;适当降低水灰比,提高砂浆的稠度;防雨遮盖,当抹灰面积较小时,可搭设临时施工棚或塑料布、芦席临时遮盖,进行施工操作。

第三节 一般抹灰工程的质量通病和防治方法

常见的抹灰缺陷有墙面抹灰层空鼓或裂缝,抹灰层起泡、开花、有抹纹,抹灰面不平,阴阳角不垂直、不方正,顶棚面抹灰层空鼓、裂缝等。

1. 砖墙、混凝土墙抹灰层空鼓、裂缝

(1) 产生原因

1) 基层清理不干净、浇水不透。
2) 抹灰砂浆和原材料质量低劣、使用不当。
3) 基层偏差较大,一次抹灰层过厚。
4) 门窗框两边填塞不严,木砖距离过大或木砖松动,引起门窗框外裂或空鼓。

(2) 预防措施

1) 基层必须清理干净;提前浇水湿润基层。
2) 选用质量合格的原材料,抹灰砂浆应按配合比进行配制。

3）基层偏差大的地方用水泥砂浆先行补平；抹灰层应分层涂抹，每层抹灰层的厚度不应超过设计规定。

4）门窗两侧墙内预埋木砖应牢固，每侧不少于三块，木砖间距不大于1.2m。门窗框边缝隙应用砂浆填塞严密。

2. 加气混凝土墙抹灰层空鼓、裂缝

（1）产生原因

1）未进行表面处理。
2）板缝中粘结砂浆不严。
3）条板上口与顶棚粘结不严。
4）条板下细石混凝土未凝固就拔掉木楔。
5）墙体整体性和刚度较差。

（2）预防措施

1）抹底层灰前，应在墙面上涂刷108胶水，以增强粘结力。
2）板缝中砂浆一定要填刮严密。
3）条板上口事先要锯平，与顶棚粘牢。
4）条板下细石混凝土强度达到75%以上才能拔去木楔，木楔留下空隙还要填塞细石混凝土。
5）墙体避免受剧烈振动或冲击。

3. 抹灰层的面层灰起泡、开花、有抹纹

（1）产生原因

1）抹完面层灰后，紧接进行压光。

2）中层灰过于干燥，抹面层灰前对中层灰未浇水湿润。

3）面层灰用石灰膏熟化时间不够，未熟化石灰顺粒混入灰内抹灰后继续熟化，体积膨胀，引起面层灰表面炸裂、开花。

4）抹压面层灰操作程序不对，使用工具不当。

（2）预防措施

1）抹完面层灰后，待其收水后，才能进行面层灰压光。

2）抹面层灰时，中层灰约五六成干，如太干应洒水湿润。

3）选用合格的石灰淋制石灰膏，并用 3mm×3mm 筛子过滤，石灰熟化后应有足够时间。

4）遵守合理的操作程序，使用合适的抹压工具。

4. 抹灰面不平、阴阳角不垂直、不方正

（1）产生原因

1）抹底层灰前，做标志、标筋不认真。

2）标筋未结硬，就抹底层灰，依着软的标筋上刮底层灰。

3）阴、阳角处未找方检查就抹灰，用阴、阳角器扯平砂浆时不仔细，有歪斜处不及时修正。

（2）预防措施

1）做标志、做标筋一定要找平、找直、认真操作。

2）待标筋砂浆有七八成干时才能抹底层灰，依着标筋刮平底层灰。

3）阴、阳角处应用方尺检查，显著不平处应事先填补，扯阴角器、阳角器时，最好依着标筋或靠尺，扯抹砂浆应随时检查阴、阳角方正，及时修整。

5. 混凝土顶棚抹灰层空鼓、裂缝

(1) 产生原因

1) 顶棚底清理不干净，抹灰前浇水不透。
2) 预制板板底安装不平。
3) 预制板排缝不匀、灌缝不密实。
4) 抹灰砂浆配合比不当。

(2) 预防措施

1) 抹灰前，顶棚底必须清理干净，喷水湿润。
2) 预制板应座浆铺设。
3) 预制板排缝应均匀，灌缝应密实。
4) 选用合适的砂浆配合比。

6. 钢板网顶棚抹灰层空鼓、开裂

(1) 产生原因

1) 底层灰中水泥比例大，抹灰层产生收缩变形，使顶棚受潮或钢板网锈蚀、引起抹灰层脱落。
2) 钢板网弹性变形，引起抹灰层开裂、脱壳。
3) 顶棚吊筋木材含水率过大，接头不紧密、起拱不准，造成抹灰层厚薄不匀，抹灰层较厚处易发生空鼓、开裂。

(2) 预防措施

1) 底层灰中水泥比例应恰当，底层灰与中层灰宜选用相同砂浆。
2) 钢板网一定要钉坚实。

3）木吊筋应选用干燥木材，吊筋与木龙骨务必钉牢。木顶棚的起拱值应准确，最大起拱值应在顶棚正中点。抹灰层应厚薄均匀。

7. 板条顶棚抹灰层空鼓、开裂

（1）产生原因

1）顶棚所用木龙骨、板条等木材材质不好，含水率大。
2）板条钉得不牢，板间缝隙不匀，板条端接头无缝隙，抹灰层与板条粘结不良。
3）砂浆配合比不当和操作不妥。

（2）预防措施

1）顶棚所用木龙骨、板条等应选用烘干或风干木材。
2）板条应钉牢，板条间应留7～10mm空隙。底层灰应垂直于板条长度方向抹压，使板条缝隙中有灰。
3）选用合适的砂浆及操作方法。

（3）处治方法

1）对于抹灰层空鼓，应将其空鼓部分铲去，清理基层后，重新分层抹灰。
2）对于抹灰层裂缝，应沿裂缝方向凿去一定宽度的抹灰层，清理基层后，重新分层抹灰。
3）对于抹灰层起泡、开花、有抹纹，应将其有缺陷面层灰铲去，清理中层灰面后，重新抹面层灰。
4）对于阴阳角不垂直、不方正，要求不高的可不予治理；要求较高的，应用方尺仔细检查一遍，用面层灰修补不平处，再用阴角抹或阳角抹抹压几遍。

参考文献

[1] 中华人民共和国国家标准. GB 50210-2001 建筑装饰装修工程质量验收规范 [S]. 北京：中国建筑工业出版社，2001.

[2] 中华人民共和国国家标准. GB 50327-2001 住宅装饰装修工程施工规范 [S]. 北京：中国建筑工业出版社，2001.

[3] 中华人民共和国国家标准. GB 50300-2013 建筑工程施工质量验收统一规程 [S]. 北京：中国建筑工业出版社，2014.

[4] 中华人民共和国行业标准. JGJ 126-2015 外墙饰面砖工程施工及验收规程 [S]. 北京：中国建筑工业出版社，2015.

[5] 中华人民共和国行业标准. JGJ/T 220-2010 抹灰砂浆技术规程 [S]. 北京：中国建筑工业出版社，2010.

[6] 郭丽峰. 抹灰工 [M]. 北京：中国铁道出版社，2012.

[7] 李丹. 抹灰工 [M]. 北京：中国建筑工业出版社，2014.

[8] 刘召军. 抹灰工 [M]. 北京：中国环境出版社，2012.